戈旭皎/著

段位

赢家是怎样炼成的

哈爾濱工業大學出版社
HARBIN INSTITUTE OF TECHNOLOGY PRESS

图书在版编目(CIP)数据

段位 / 戈旭皎著 . — 哈尔滨：哈尔滨工业大学出版社，2024. 8. — ISBN 978-7-5767-1583-5（2024.12 重印）

I. I267

中国国家版本馆 CIP 数据核字第 2024LR5221 号

HITPYWGZS@163.COM
艳|文|工|作|室 13936171227

段位

DUANWEI

策划编辑　李艳文　范业婷
责任编辑　赵凤娟
装帧设计　宋晓亮
出版发行　哈尔滨工业大学出版社
社　　址　哈尔滨市南岗区复华四道街 10 号　邮编 150006
传　　真　0451-86414749
网　　址　http://hitpress.hit.edu.cn
印　　刷　三河市天润建兴印务有限公司
开　　本　710 毫米 ×1 000 毫米　1/16　印张 13　字数 180 千字
版　　次　2024 年 8 月第 1 版　2024 年 12 月第 3 次印刷
书　　号　ISBN 978-7-5767-1583-5
定　　价　52.00 元

前　言

下棋有段位，运动有段位，游戏有段位，那么个人能力呢？其实也是有段位的。

当段位不同的人发生竞争时，那些高段位的人总是游刃有余、见招拆招，仿佛什么都难不倒他们。而低段位的人则总是墨守成规，不知变通，在竞争道路上面对困难时，不仅拿不出应对之策，还很容易被对手摸清楚底细，最终落得失败的下场。

或许有人觉得事情并非如此，即便自己失败了，也并没有输太多。如果将所谓的高段位量化，不过就是能力比自己强一点，得分比自己高一点罢了。事实真的如此吗？

真正的情况是，高段位并非只能赢这么多，而是只需要赢这么多。如果低段位的人不能提升段位，只是不断在现有的段位上加码，下一次，他还是会“输一点点”，并多次“输一点点”，结果是从来没赢过。想要补上每次都差的那一点，想要赢，只能通过段位上的提升来实现。

处于高段位，会有更广阔的视野、更长远的目光。那些棘手的问题，往往一句话就能解决。触龙一句“媪之爱燕后，贤于长安君”就改变了赵太后置儿女私情于国家大义之上的想法，贾诩一句“愿将军恢崇德度，躬素士之业，朝夕孜孜，不违子道。如此而已”就为曹丕在争夺储君之位的战争中找到了方向。

古代虽没有“段位”一词，但古人却明白段位的重要性。从古至今能成大业者，或是自身段位高人一等，或是身边有高段位者出谋划策。

在这个竞争激烈的时代，段位成为衡量一个人能力的重要标准。然而，段位并非一成不变，它可以通过努力和坚持来不断提升。我们应从成功者的故事中汲取智慧，以坚定的志向、持久的努力和超凡的才华，去追逐更高的段位，书写属于自己的传奇人生！

作　者

2024 年 6 月

目 录

第一章

守拙·量力而行，不打无准备之仗

——守我之拙，彼无所施

知己知彼，找准定位才能百战不殆 002

未雨绸缪，有备才能无患 006

人贵自知，永远不要高估自己的实力 010

人有自信，才能扎根大地，站稳脚跟 014

看清自己，才能“不以物喜，不以己悲” 017

第二章

若愚·深藏不露，捂紧自己的底牌

——布置如愚，敌不敢拒

藏锋守拙，低调是最好的保护色 022

过分优秀有时也是一种不合群 026

凡事“留一手”，有“底牌”才能有底气 030

瓶里的水，向来整瓶不动半瓶摇 034

隐藏意图，直到可以射出那一箭 038

头脑发热，小心破绽百出 042

第三章

斗力·借力打力，资源不用是浪费

——动则必战，与敌相抗

一力降十会，功夫大了不讲理 046

四两拨千斤，也得先找个支点 050

以情动人，没有资源就创造资源 054

六度人脉，资源就藏在身边 058

以他人之名，全自己之实 062

志同道合，用利益捆绑盟友 065

第四章

和合·善打圆场，适时给人台阶下

——不务远图，好施小巧

反击，要礼貌又不失风度 070

调侃自嘲，给自己搭个台阶下 074

旁敲侧击，讲道理不伤他人面子 078

沉默几分钟，让他冷静一下 081

赞美他人，让大家面子上都好看 085

第五章

用智·三思而行，多思慎行能成事

——未能通幽，战则用智以到其功

多思慎行，提防赞美背后的“杀机” 090

俭德辟难，谨防贪婪惹祸端 094

知人者智，想得越多，错得越少 098

思维转一转，巧妙利用信息差 101

最让人难以防备的，是“温水煮青蛙” 105

多学多思，开阔眼界，才能跳出“棋局” 109

第六章

应变·进退有度，把握分寸人缘好

——临局之际，见形阻能善应变，或战或否，意在通幽

掌控好情绪，别让迁怒毁了你的生活 114

把握分寸，别被沉没成本所“绑架” 118

距离适度，方能打造权威感 122

话不说尽，才更让人牵肠挂肚 126

说服不是吵架，把握分寸很重要 130

第七章

虚实·扬长避短，将优势充分发挥

——临局之际，造型则悟

找准关键点，努力自然事半功倍 134

藏好弱点，别给他人击败你的机会 138

避其锋芒，切勿以己之短攻人所长 142

善用权威，增加自己的气势 146

方向对了，优势才能发挥 150

第八章

通达·通权达变，识时务者为俊杰

——入神者让半先，棋艺空灵，善于应变，可随手应之，不思而得

打破陈规，跳出惯性思维 154

直来直去，不如让思维拐个弯 158

“退而求其次”的绝妙策略 162

灵活应变，钓什么“鱼”，抛什么“饵” 166

巧妙变通，构建弱者的“统一战线” 170

迂回但有用的“顺毛策略” 173

第九章

入神·掌控人心，不战而屈人之兵

——神游局内，妙而不可知，故曰入神

对手的弱点，正是最好的突破点 178

抓住欲求，便可掌控人心 182

化敌为友，就是寻找共同利益点 186

欲擒故纵，吊吊他的胃口 189

以人性铸造困境囚笼 193

“饼”画得好，空手也能套“白狼” 197

第一章 守拙

量力而行，不打无准备之仗

守我之拙
彼无所施

知己知彼，找准定位才能百战不殆

《孙子兵法》有云：“知己知彼，百战不殆。”古希腊哲学家苏格拉底说：“认识你自己。”可见，不管是东方文化还是西方哲学，都认为人应该认识自己，找准自己的定位。

认识自己是非常重要的。只有准确认识自己，才能找到人生方向，做好计划，带着合适的“行李”上路。如果不能正确认识自己，那就只能带着冗杂而沉重的“行李”四处奔波，寻找那条正确的道路。

1985 年，史蒂夫·乔布斯被赶出苹果公司。11 年后，他东山再起，回到苹果公司。对于这 11 年苹果公司的发展，乔布斯是这样评价的：“我离开后，苹果公司没有发明任何东西。”如果苹果公司没有发明任何东西，那么，这些年没有乔布斯的苹果公司究竟在做什么呢？

乔布斯离开一年后，苹果公司就推出了新产品 Macintosh Plus。新产品拥有 SCSI 接口，从某种程度上说，为硬盘、光驱的推广提供了帮助。PowerBook 作为苹果公司的拳头产品，也是销量非常稳定的笔记本电脑。看似还算不错的成绩背后，是无数条形色各异的生产线，让苹果公司越来越没有自己的特色。

与此同时，苹果公司的竞争对手微软，已经趁苹果公司在系统方面止步不前大力推广 Windows，几乎吃掉了所有的系统市场。苹果公司原本打算搭载在 Mac 上的 Copland 系统一直难产，并且内部人员根本不相信这款系统能扭转局势。

乔布斯回归以后，直截了当地在董事会上指出苹果公司的问题：“产品就是问题，它们太糟糕了，不再性感。”是的，不再性感，乔布斯用性感形容自己的产品，其本质含义是，苹果公司没有认清自己，丢失了产品的特色。

因此，乔布斯开始工作后的第一件事情就是砍掉了 70% 的研发项目，只留下 4 条生产线，裁掉 3 000 名员工，并且表示，每个产品只能保留一个版本，太多的版本毫无意义。到了这个时候，一切都变得清晰起来。公司管理人员明白了产品的发展方向，工程师和技术人员的工作变得井井有条。乔布斯还挖掘了乔尼·艾夫这个人才，为苹果公司的产品设计了统一的风格。

正是这些举动让苹果公司重新认识自己，找回了自己的风格与方向。1998 年，iMac 让苹果公司重返巅峰，销量达到 80 万台，成为街头巷尾人们讨论的话题。2001 年的 iPod 更是成了音乐爱好者的时尚单品，击溃了市场上所有的竞品，改变了人们听音乐的习惯和方式。

每个人都有自己的长处与短处，不认识自己，找不到定位，就很容易在错误的地方用错误的方式与他人竞争、对抗。就好像鸡蛋与石头比谁硬一样，这几乎是一场毫无胜算的比试。但如果清楚自己更适合哪一条赛道，结果就会截然不同。如果鸡蛋与石头比谁更美味，鸡蛋就能立于不败之地了。

都说万事开头难，一个人从立下志向、打算追逐成功的那一刻开始，要迈出的第一步就应该是认识自己。这是一项需要耐心、需要长期坚持的工作。在这个世界上，比认识自己更难的事情并不多。只要能不断从自己身上发现新的东西，找到过去没有认识到的长处或者短处，就是大有裨益的。

未雨绸缪，有备才能无患

天有不测风云，人有旦夕祸福。没有人能预知自己的未来，不论是机遇还是危险，总是要事到临头才能真正确定。那么，要怎样才能比他人更容易抓住机遇、规避危险呢？只有提前做好准备。

看见阴天，就要做好迎接降雨的准备；嗅到危险的气息，就要准备好应对危机。有些时候，即便你没能做出最好的选择，只要比其他人领先一步，也能取得优势，获得成功。

战国时期，强大的齐国南征北战，在重丘击败了楚国，在观津击败了魏国与赵国，灭掉了中山国，击垮了宋国。齐国的强大让齐湣王可以与秦昭王一争高下，各国也觉得齐国更强，纷纷投靠齐国。

齐国虽然强大，但也不是无懈可击的。齐湣王为人残暴，性格傲慢，国内百姓对他非常不满。燕国虽是一个小国，但国君燕昭王眼光非常敏锐，认为击败齐国的机会已经到了。

燕昭王派遣名将乐毅联合赵国、楚国、魏国、韩国和燕国，向齐国发动攻击。齐湣王率军抵挡，没多久就败下阵来，逃回都城临淄。乐毅认为，齐国此时已是强弩之末，应该乘胜追击，于是率领大军，直逼临淄。齐国贵族、官员纷纷逃到临淄附近的安平。没想到，乐毅很快就攻占了临淄，直逼安平，逼得齐国人再次出逃。

就在身边其他齐人纷纷收拾财物，准备驾车逃亡的时候，日后的齐国名将田单却在命令族人做与其他人完全不同的事情。他没有抓紧时间收拾财物，反而要族人争分夺秒地锯断车轴，让车轴尽量短。随后，又命人用铁皮将车轮包起来。族人虽不明白田单的举动有什么意义，但还是遵照他的命令对车子进行了改造。

等到联军士兵攻来的时候，田单才命令族人驾车逃亡。在逃亡的路上，田单的布置发挥了巨大作用。原来，安平只是一座小城，比不上临淄道路宽敞。在逃亡的过程中，很多车辆在狭小的道路上发生碰撞。车轴越长，就越容易与其他车辆相撞，不少车辆在碰撞后损坏，整车人都成了联军的俘虏。

田单的车辆因为锯短了车轴，很少与其他车辆碰撞，再加上包了铁皮的车轮，田单一族成为少数能顺利逃出生天、抵达即墨城的齐人。

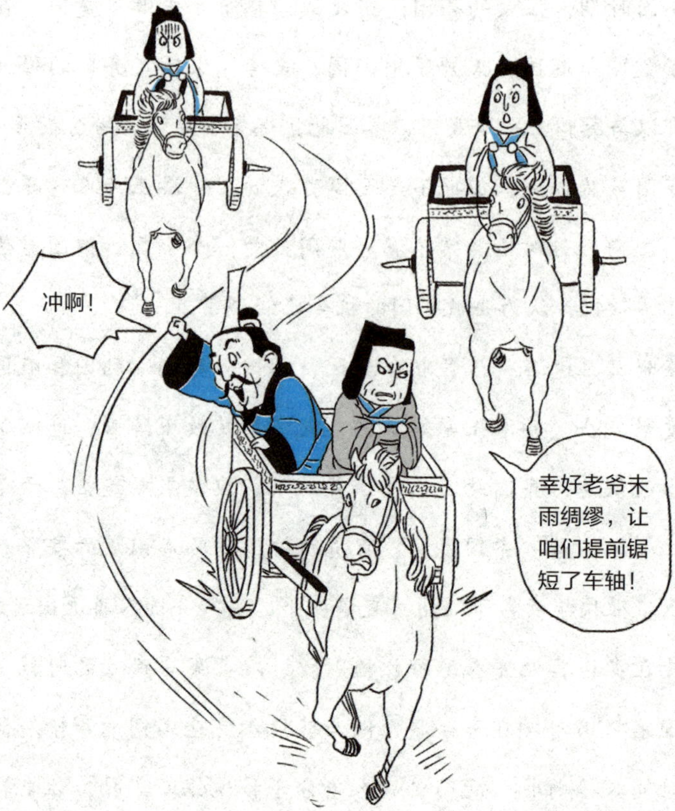

世事无常，人的一生究竟会有怎样的际遇，谁也说不准，我们能做的只有未雨绸缪。轻装上阵固然能先出发，走得更快，但在遇到问题的时候不能在第一时间拿出解决方案，也就不能建立领先地位。遇到的问题越多，与事先做好准备的人差距就越大，被人超过只是时间问题。

有人或许会问，没人知道以后会发生什么，难道要为每一个可能出现的危机做准备吗？当然不是。做准备，不是要面面俱到，也不是为每一件可能发生的事情准备预案。每件事情发生的概率是不一样的，做准备也要量力而行。

越是容易发生的事情，就越要提前做好准备。为那些发生概率极小的事情做准备，性价比太低。当我们有为某件事情做准备的资源时，就可以顺手而为，以尽量小的代价为自己提供一份保障；如果为某件事情做准备要花费非常多的资源，那就有些得不偿失了。

人贵自知，永远不要高估自己的实力

自知之明是一种非常宝贵的能力，人一旦缺少这种能力，就会错误地判断自己的实力。看轻自己的实力不算太糟糕，随着一次次成功、一步步试探，总能找到自己的能力极限；但要是高估了自己的实力，那就有可能因为一次失败而损失惨重，甚至彻底崩溃。

公元前262年，秦昭襄王听了范雎的建议，决定对邻国韩国动手。他派大将王龁去打韩国，迅速占领了野王城，切断了上党和韩国都城之间的联系。这么一来，韩国在上党的军队就被孤立了。

上党军队的将领冯亭很聪明，他对手下说："咱们与其投降秦国，不如投靠赵国。赵国要是得了上党，秦国肯定会去抢。这样一来，赵国就得和咱们韩国联手，一起对抗秦国。"大家都觉得这个主意不错。

于是，他们赶紧派了个人，带着上党的地图去赵国。那时候，赵惠文王已经去世了，他的儿子赵孝成王继位。平原君赵胜当了相国，他带了五万人马去接收上党，并让冯亭当太守。平原君临走时，冯亭对他说："上党归了赵国，秦国肯定不会善罢甘休。你回去后跟赵王说，得赶紧派大军过来，才能挡住秦军。"

平原君回去后向赵孝成王汇报了接收上党的情况，赵孝成王高兴得不得了，天天喝酒庆祝，却把对抗秦国的事儿给忘了。果不其然，没多久，秦国的王龁就派兵包围了上党。冯亭坚守了两个月，也没见赵国的救兵来。最后实在没办法，只好打开城门，拼命往赵国跑。冯亭带着残兵败将和上党的难民，一直跑到了长平，才碰到赵国的大将廉颇带着二十万大军来救上党。可惜的是，上党已经失守了。

廉颇和冯亭会合后，本打算反攻，但秦国的军队很快就追了上来，迅速打败了赵国的前哨部队。廉颇见状，连忙退回阵地，守住阵脚，让士兵们加高堡垒，挖深壕沟，准备与远道而来的秦军长期对抗。王龁多次向赵军挑战，但赵军就是不应战。

就这样耗了四个多月，王龁实在想不出进攻的办法。他派人向秦昭襄王寻求解决对策：“廉颇这老将真有经验，就是不出来交战。要是长期这样对峙下去，粮草就接济不上了。这可怎么办啊？”

范雎听了后对秦昭襄王说：“要想打败赵国，得先想办法让赵国把廉颇调回去。”

过了几天，赵孝成王听到身边的人都在议论：“廉颇太老了，不敢跟秦国交锋。要是换年轻力壮的赵括去，秦国的这点儿兵马早就被打散了。”

赵孝成王一听，觉得有道理，就派人去催廉颇开战。但廉颇还是坚守阵地不动。赵孝成王急了，直接把赵括叫来问他能不能打退秦军。赵括自信满满地说：“要是秦国派白起来，我还得掂量掂量。但现在来的是王龁，他可不是我的对手。”赵孝成王一听这话，高兴得不得了，当场就拜赵括为大将去替换廉颇。

赵括还没出发时，他的母亲就上了道奏章请求赵孝成王别让赵括去。赵孝成王将赵括的母亲召来询问理由。赵括的母亲说：“赵括的父亲临死的时候再三嘱咐说：‘打仗是多么危险的事儿啊！得小心翼翼，处处都得顾虑到，生怕有疏忽的地方。可赵括却把打仗当儿戏，谈起兵法来就眼空四海、目中无人。将来要是大王用他为大将，我们一家老小遭殃倒还在其次，怕的是连国家都要毁在他手里。’我请求大王千万别用他。”可惜赵孝成王已经下定决心了。

公元前 260 年，赵孝成王让赵括再带二十万兵马到长平关去替换廉颇。赵括统领着四十多万大军，声势浩大。他下令说：“秦国来挑战必须迎头痛击，一定要将敌人杀得片甲不留。”冯亭劝赵括别冲动，并说明了廉颇的用意。可赵括却轻蔑地说：“老头儿懂什么！”

范雎一得到赵括替换了廉颇的消息，便马上派武安君白起去指挥王龁作战。白起是个兵法大家，他设下了埋伏，故意打了几场败仗，将赵括的军队引了出来，然后切断了他们的后路。赵括的大军守了四十六天，内无粮草，外无救兵。最后，赵括被乱箭射死，冯亭自杀，赵国军队全军覆没。

人贵有自知之明，在做事情之前，一定要正确评估自己的能力。贸然接下难度较高的任务，这不是抓住了机会，而是落入了陷阱。世界上的确有很多成功者靠着自己不算成熟的能力、运气和勇气，最终取得了胜利，但这样的例子又有多少呢？倒不如说只有成功的被人们看见了，而那些失败的，早就湮没在历史的长河之中，或许还会成为成功者的垫脚石，作为成功故事中的反面教材。

‖ 人有自信，才能扎根大地，站稳脚跟

自信心是每个成功者必备的能力，其重要性远远超过人们的想象。自信心不仅体现在心态上，还能够影响一个人为人处世的方式，以及行动能力的发挥。

自信的人在做事情的时候，总是能全神贯注，将所有精力都集中在解决

问题上。不够自信的人，即便之前已经做好计划，准备了预案，也会分出部分精力为自己寻找后路。因为不自信，有些时候甚至为了成功铤而走险，而不去选择那些更加稳妥的办法。

威廉·肖克利是一个天才科学家，同时也是一个成功的企业家，曾经无比辉煌，最终却因为“疑心病”被利用，惨遭失败。

1932 年，肖克利毕业于加州理工学院，1936 年加入著名的贝尔电话实验室，从事物理学研究。1947 年，肖克利发明了点接触晶体管，第二年又发明了一种全新的、很耐用的结型晶体管，并在之后不断改进，发展成为著名的双极结型晶体管，也就是我们俗称的三极管。

1955 年，肖克利离开贝尔实验室，创办了自己的半导体公司——肖克利实验室股份有限公司。他的公司位于旧金山山景城圣安东尼奥路 381 号的产业园内。这个地方后来有个更著名的称呼——硅谷。可以说，肖克利是硅谷的奠基人之一，是当之无愧的硅谷元老。

公司成立后，雄心勃勃的肖克利招募了许多年轻人才。但奇怪的是，每一个想要进入他公司的人，都需要先通过一项心理测试，原因是肖克利害怕这些年轻人是竞争对手派来的商业间谍。

在工作中，肖克利会将所有员工的通话记录都保存下来，而且不允许员工之间分享研究成果。为了保证员工的忠诚，他甚至会召集所有人对他们进行测谎实验。这自然引起了大家的不满。

这一切举动都是因为肖克利不够自信。他总是认为自己的公司非常脆弱，只要混进来一个商业间谍就会全盘崩溃。他也完全不相信自己的管理水平和人格魅力，认为要将员工完全处在自己的监视之下才能保证员工不背叛。

后来，有人利用员工对肖克利的不满，号召大家集体辞职。最终，有8名员工跳槽。这8个人创办了著名的仙童半导体公司。

由于不自信，肖克利逼走了一些能力卓越的年轻人，靠自己当然不能始终走在行业前端。所以，肖克利的公司慢慢地在竞争中落了下风。1960年4月，肖克利的公司被出售，他也从一个学术明星、商业天才变成硅谷的失败者。

如果一个人连自己都不能相信，又如何能够相信他人呢？团队合作的重要性不言而喻，如果不能相信他人，所有的事情都要亲力亲为，是无法获得成功的。

看清自己，才能“不以物喜，不以己悲”

每个人都有许多个形象，在亲人眼中，在朋友眼中，在师长眼中，我们都是大不相同的。其中最重要的，是我们在自己眼中的形象。根据对自己不同的看法，我们会产生不同的认知，最后形成一个可能不够真实，但却结合了期许和愿望的形象。

这个形象不真实，那就意味着当某些事情发生的时候，真实状况会与我们设想的有所出入。如果出入不大，我们就拥有了一个及时调整，让形象更加接近现实的机会；如果出入太大，甚至与自己所期许的形象完全不符，在心态不够强大的情况下，我们就会崩溃、迷茫，甚至破罐子破摔。

唐寅（唐伯虎），与祝允明（祝枝山）、文征明、徐祯卿并称“江南四大才子”或“吴门四才子”，其中又以唐寅居首。

唐寅是个天才人物，自幼聪明好学，诗文、绘画、曲作俱佳，早年便展现出非凡的才华。

但是，在唐寅20多岁时，家庭遭遇重大变故，父亲、母亲、妻子、妹妹相继去世，家道中落，这对他造成了巨大的打击。

后来，在好友祝枝山的鼓励和支持下，唐寅发奋读书，并于29岁时参加应天府的考试一举夺魁，被称为“唐解元”。当时的唐寅，可以说是春风得意，风头一时无两，因此他对自己的前程充满信心。

1499年，唐寅赴京参加科举考试。从考场出来之后的唐寅，对自己的发挥非常满意，放出狂言说：“本次科举考试的状元非我莫属！”但不幸的是，由于受到科场舞弊案的牵连，唐寅非但没取得好成绩，还被废黜为民，失去了功名。

春风得意时，少不了夸赞的话；虎落平阳后，免不了冷言冷语。随着唐寅的失败，各种负面评价层出不穷，这让唐寅感受到了前所未有的社会压力并产生自我怀疑。他的才华和曾经的辉煌似乎一夜之间化为乌有，取而代之的是无尽的嘲讽和轻视。就连他的妻子也开始嫌弃他，并最终离开了他。

面对外界的各种负面评价，唐寅没有能够重新振作，而是开始放纵自己。从那以后，对前途充满期望的唐寅实际上已经“死”了，活在世上的是那个意志消沉、懵懂度日的失意之人。虽然那段时间唐寅创作出了一系列杰出的作品，但同时也挥霍掉了自己的健康，为后来的早逝埋下了苦果。

人最难面对的就是自我形象的破灭，越是看不清自己，就越会出现这种情况。如果能够对自己有一个清晰的认知，在自己眼中的形象无比接近真实，那么即使遭遇失败，也是能够承受的。

第二章 若愚

深藏不露，捂紧自己的底牌

布　置　如　愚

敌　不　敢　拒

藏锋守拙，低调是最好的保护色

成功路上有无数的障碍，有些源于自身能力的不足，有些是因为客观环境中有太多的困难，还有些是来自竞争者的攻击。竞争者的攻击往往比其他障碍更加恐怖：自身能力的不足可以通过能力提升、经验积累来克服；客观环境中的困难也是有迹可循、有规律可找，只要用心就能解决的；唯有来自竞争者的攻击，不仅变化无穷，而且力度也会因为我们与成功的距离较远而

逐渐增强。那么，要如何建立“防御工事”，才能使自己不在攻击中落败呢？

古典名著《三国演义》中述，曹操消灭了吕布，打算图谋天下。汉室宗亲刘备有匡扶汉室之心，视曹操为国贼，但因为势单力孤，只能屈居于曹操麾下。

一日，曹操命人将刘备带到府上，在花园中备下青梅和酒，与刘备畅饮。酒至半酣，天色渐变，乌云滚滚，骤雨将至。有随从告诉曹操，远处有龙卷风出现。曹操与刘备凭栏而望，曹操问刘备：“使君知道龙的变化吗？”

刘备说：“愿闻其详。”

曹操说：“龙啊，可大可小，能露面也能隐藏，大的时候便兴云吐雾，小的时候就藏起身形，升则飞腾于宇宙之间，隐则潜伏于波涛之内。在这个时节，龙也会乘时变化，就好像人在得志时纵横四海一般。玄德，你经常在外游历，一定知道当下有谁可称英雄吧……请说说看。”

刘备说：“我因为陛下的恩宠和信任才能在朝廷做官，哪里认得什么英雄……”

曹操说：“即便没见过，也总听说过名字吧？”

刘备说：“淮南袁术，兵精粮足，能称为英雄吗？”

曹操笑着说：“袁术不过是坟墓里的枯骨罢了，我早晚要把他抓住。”

刘备又说：“河北袁绍，家中有四代做到了三公之位，天下到处都是他们家的故旧，如今如猛虎一般盘踞在冀州，手下能人极多，应该称得上英雄了吧？”

曹操依旧面带笑容，说：“袁绍这个人表面上厉害，胆子却小得很，喜欢算计事情，却又常常左右摇摆，下不了决心，干大事的时候爱惜性命，看到一点利益却又顾不上性命了。这样的人，算不上英雄。”

接着，刘备又说了刘表、孙策、刘璋、张绣、张鲁、韩遂等人。曹操接连否定，称这些人都算不上英雄。当刘备问出“那谁称得上英雄”时，曹操指了指刘备，又指着自己说：“天下的英雄只有你和我啊。”

刘备吓得筷子都掉了，刚好天空传来一声惊雷，于是他告诉曹操，自己被雷声吓到，所以才把筷子弄掉了。曹操笑着问刘备：“大丈夫也怕打雷？”刘备从容回答说：“圣人听到刮风打雷也要变脸色，何况是我呢？”

曹操越是想要把“英雄”这个头衔安到刘备的头上，刘备就越是要避开这个头衔，将自己真实的志向与能力隐藏起来。刘备成功地做到了这一点，让曹操对他放下戒心，为自己争取到了宝贵的发展时间。

人生有高峰也有低谷，任谁都不可能一直在最高的位置上，拥有超越所有人的力量。一个拥有野心、潜力无限的挑战者，一定会遭到更强者的打压，因为只有打压挑战者，才能保证自己的领先地位。

想要躲过打压，让竞争对手放松警惕，任何一种保护方式都比不上低调行事。对方看不见你的野心和实力，就不会动手，也就不需要其他防御措施了。

过分优秀有时也是一种不合群

我国传统文化中的中庸之道，是一种年轻人难以理解的处世智慧。很多人对中庸之道充满不屑，认为这是弱者的选择，既然有能力、有本事，就应该勇猛地向前冲锋。然而，这种人有时会因为横冲直撞而头破血流。

贾谊，西汉时期著名文学家，其作品《过秦论》影响极大，被编入《史记》《汉书》等史书中，用来警醒后人。贾谊不仅在文学方面有着极高的造诣，在政治方面也有自己独到的见解。

贾谊年少成名，他的老师是北平侯张苍，这注定了他的入仕之路不会坎坷。贾谊21岁时就被汉文帝征召，成为专门传授学问的博士。因为他表现非常出色，深得汉武帝喜爱，担任博士还不到一年，就成为太中大夫。

太中大夫是一个实权不大，却能常常陪伴皇帝左右、为皇帝出谋划策的官职。贾谊有了一展才华的机会，没多久就向汉文帝提出要修改礼制。汉朝刚刚成立的时候，大部分礼制依旧沿用秦时的制度，贾谊认为是时候制定一套属于汉朝自己的制度了。

修改礼制看似容易，实则牵一发而动全身，要改历法、官员上朝所穿的服饰、法律，以及祭祀时所用的乐曲、礼仪，不仅要花时间，还要花钱。汉文帝时期的主要政策是休养生息，没有钱做这些事情，于是，贾谊的第一次建议被汉文帝拒绝了。

汉文帝二年，社会风气逐渐发生变化，商人收入增加，农民数量减少，这对一个以农耕为根本的国家来说是非常不利的。于是，贾谊上书文帝，提出了“重农抑商”政策。当时国家刚有起色，但对于风险的抵御能力并不强。于是，汉文帝同意了贾谊的上书。

贾谊的第一次上书没被采用，原因是客观情况不允许。第二次上书的内容堪称真知灼见。因此，汉文帝打算提拔贾谊做公卿。在秦汉时期，做到公卿就不是一般的官员了，算是真正成为大贵族阶级。当时的贾谊，还不到23岁。

23岁的年轻人成为公卿，这是非常惊人的。这样的新贵，自然会引发老贵族的嫉妒。就在以周勃、灌婴为首的旧贵族对贾谊不满时，贾谊又主动在“火”上浇了“一桶油”。他提出，侯爷们不能一直待在京城，应将他们遣送回封地。

这话可谓一石激起千层浪。以古代的情况来说，封地肯定没有京城好。要把旧贵族都送回穷乡僻壤去，那还不是要了他们的老命。于是，周勃等人弹劾贾谊，说他扰乱朝政。

这些旧贵族不仅权势大，过去立下的功劳也不小。汉文帝不管多喜欢贾谊，也不能因为他而冒犯那些旧贵族。于是，一年以后，贾谊就被贬到了长沙。

木秀于林，风必摧之。想要表现自己，不是什么坏事，但前提是要能保护自己，有抵御风险的能力。一味地表现自己，只能变成他人的眼中钉。如果贾谊再冷静一些，待自己成为公卿并进一步获得皇帝的信任后，再提出自己的建议，大概率不会遭遇这样的悲剧。

凡事“留一手”，有“底牌”才能有底气

人们常常开玩笑说：“教会徒弟，饿死师傅。”大抵就是因为如此，所以从古至今，师傅在向徒弟传授技艺时，往往都会“留一手”，不将所有本领倾囊相授。

这其实不难理解。事实上，任何一个有智慧的人，都不会轻易展示全部实力，只有时刻都保留“底牌”，才能在关键时刻出人意料。学会“留一手”不仅是一种智慧，更是一种保护自己的策略，手握“底牌”才有底气。

老张是一家互联网公司的程序员，年纪不大，入职时间却不短。几次人事更替，老张都能躲过裁员，留在公司，着实令人佩服。但这一次，老张大概是躲不过去了。

随着互联网红利越来越少，老张的公司效益逐渐下降，据说将要进行一次规模最大的裁员，各个部门只留精英。老张距离精英差得远，部门里有和他同期进入公司的行业能手，也有名校毕业、浑身干劲的年轻人。不管哪一种，都不是老张这种半路出家、自学成才的人能比的。不少同事替老张着急，老张却跟没事人一样，依旧兢兢业业地工作。

裁员名单出来时，老张的名字赫然在列。面对依依不舍的同事，老张平静的脸上露出一丝笑容。他收拾好工位，把自己的东西交给一位同事。面对同事不解的眼神，老张说："先放你这，过几天我来拿。"接着，就跟同事们一一道别，毫无留恋地离开了公司。

几天后，老张又出现在公司。同事和老张打过招呼，对老张说："回来拿东西的吧？拿访客证进来的感觉怎么样？"

老张一头雾水，接过东西一一放回他原来的工位，对同事说："什么访客证？我返聘了，是拿工作证进来的。"

这回轮到同事纳闷了。这次大裁员，比老张能力强的同事不知道走了多少，老张怎么不声不响地被返聘了？难道是走了谁的关系，还是自己包括其他同事都没有看清老张的真正实力？他问老张原因，老张只是笑而不语。

同事按捺不住自己的好奇心，找了相熟的部门领导，旁敲侧击地询问老张被返聘的原因。

部门领导表情无奈，直接打开编程软件，指着上面的代码问：“你能看懂吗？”

同事一眼就看出这是老张写的代码。同事们早就取笑过老张的野路子，虽然能完成工作，但却非常复杂，做起来费时费力，不加注释其他人根本看不明白。他摇了摇头，不是给老张长脸，而是真的看不懂。

部门领导指着屏幕说：“老张干了一半的工作，谁都不能接手，不用他写的那部分，整个项目都要推倒重来。更何况，之前的项目他负责的部分要是出了问题，谁都解决不了。我除了返聘他，还能怎么办？”同事这才恍然大悟，原来老张是这么被返聘的。

老张的能力不够强，价值不够高，但却通过长时间的工作为自己创造出无可替代的价值，这就是老张的“底牌”，也是他立足职场的底气。

当我们不够强大的时候，要想不被他人左右，就必须为自己创造一张“底牌”，让自己成为不可替代的角色。

瓶里的水，向来整瓶不动半瓶摇

在这个提倡张扬个性的社会，人们总是在做出一点成绩后，就迫不及待地昭告天下，恨不得让每个人都知道自己做了什么。如果已经取得成功，这样做无可厚非，但要是只取得了阶段性的胜利就开始炫耀，这样的心态恐怕走不到最后。之前的炫耀，也会成为他人口中的笑柄。

秦朝末年，天下大乱，群雄并起。经历了激烈而残酷的战斗，刘邦在楚汉争霸中获得了胜利。有人怜惜项羽，认为他是个不走运的英雄。然而，真的是这样吗？从一件事中就能看出刘邦与项羽之间的不同。

在几支起义队伍中，刘邦是最先攻破秦朝都城咸阳的。当他看见皇宫中数不胜数的金银财宝和美人的时候，忍不住动了邪念。但萧何进入咸阳后，先到丞相府保存了书籍与文献，这让刘邦有些犹豫。

樊哙从旁进言说："沛公意在天下，还是只想当个富家翁呢？秦二世而亡，正是因为奢侈享乐，您是打算重蹈秦的覆辙吗？眼不见，心不烦，您不如带兵退回灞上，不要待在皇宫里了。"

樊哙的话刚说完，张良又从旁附和说："秦暴虐无道，丢失了人心，随后国家就灭亡了。沛公您今日的壮举，乃是为天下人除害。救了天下，也应该展示出这样的姿态，以仁义宽厚来帮助那些黎民百姓。如今刚进入咸阳，您就想过奢靡的生活，那和亡国的秦二世又有什么区别呢？"

在两人的劝诫下，刘邦幡然醒悟。秦朝暴虐无道，施行严刑峻法，丢了人心，自己做出相反的举动，岂不是就能让天下人归附了？于是，刘邦主动撤出咸阳，驻守灞上，并且和当地百姓约法三章，成全了自己的名声。

刘邦退出咸阳，驻守灞上之后，项羽抵达了咸阳。他率军冲入皇宫，先是杀掉秦国残余的皇室成员，与将领瓜分珠宝、美女，随后一把火将阿房宫化为灰烬。但项羽的暴行还没有结束。

项羽的下属中有个名叫韩生的，颇有见识。他告诉项羽，咸阳地理位置优越，土地肥沃，物产丰富，易守难攻，不如就以咸阳为都城建立霸业。项羽想了想，告诉韩生："富贵了就应该回到家乡让父老乡亲看看，要是不回去，就好像夜里穿着锦绣的衣服赶路，谁看得见呢？"

韩生见项羽执意要回江东，就私下对人说："楚国人果然是徒有其表，就好像猴子戴上帽子假装人一样。"项羽听说后，便将韩生处死了。其手段之残暴，可见一斑。

刘邦、项羽两人进入咸阳后，其表现的区别不仅体现在是否愿意听从劝告上，还体现在两人对待成功的态度上。刘邦知道阶段性的胜利不算真正的胜利，愿意为了更长远的未来而低调行事。项羽则不同，他刚刚取得了一点功绩，就要回老家给乡亲们看看。两人谁是摇动的半瓶水，一目了然。

瓶里的水，向来整瓶不动半瓶摇。一个人越是炫耀自己获得了哪些成绩，就越说明他还没明白自己离真正的成功还有一段距离。

‖ 隐藏意图，直到可以射出那一箭

成长是一件痛苦的事情，特别是在目标明确、长期压抑的情况下，恨不得能一步登天，尽情挥洒自己的才能。但是，任何事情都需要循序渐进，成长也是如此。如果你在不够强大的时候暴露了自己的意图，那么无论潜力多大、未来多光辉，都有可能被扼杀在摇篮之中。因此，学会隐藏自己的意图，悄悄壮大，才能在未来获得成功。

楚庄王初登大宝时，年纪尚轻，楚国又正值动荡之际。说起这乱局，还要追溯到他的父亲楚穆王的时代。那时，楚国已是内忧外患，附属国舒国、宗国和巢国纷纷反叛，虽然最终被平定，但楚国的元气大伤。

内乱又起，公子燮与斗克企图刺杀令尹成嘉，失败后竟劫持了新王楚庄王出逃。所幸在庐地被截杀，楚庄王才得以脱险。

这场生死劫难让楚庄王心有余悸，他担忧臣子中仍有反叛之心，不知何时会再次遭遇背叛。为了避免重蹈覆辙，他选择了逃避朝政，沉溺于声色犬马之中。

然而，这种避世态度并未让楚国恢复安宁。相反，楚国的问题愈发严重。三年后，国内外矛盾激化，敌对国家开始试探性进攻，曾被压制的蛮族也再次反叛。天灾频发，却无人问津。

面对如此局面，楚国的大臣们忧心忡忡，纷纷进谏。但楚庄王却置若罔闻，甚至在宫门口挂出“进谏者，杀毋赦”的警示牌。

一位名叫伍举的大臣实在看不过去，他来到王宫，并未直接劝谏，而是向楚庄王出了一个哑谜：“楚国山上有只五彩神鸟，为何不飞不叫？”楚庄王听后，沉吟片刻，回答道：“此鸟非凡鸟，不飞则已，一飞冲天；不鸣则已，一鸣惊人。”伍举听后，心中暗喜，认为楚庄王并非真的沉溺享乐，而是有大志之人。

然而，数月过去，楚庄王依旧如故。大臣们焦急万分，此时，另一位大臣苏从挺身而出，直言进谏。面对楚庄王的怒火和威胁，他毫不畏惧地表示：“只要大王能采纳我的建议，我死而无憾。”

楚庄王用了三年的时间来分辨忠奸，并且通过内斗来消耗国内几个争权夺势的团体。此时，他的目的已经达成，终于到了重新掌权、肃清朝政的时候了。于是，他听了苏从的劝诫后，展现出了截然不同的面貌。

楚庄王一改往日的作风，振作精神，治理国家。从此，他改弦更张，励精图治。几年后，在楚庄王的领导下，楚国重整旗鼓，平定内乱，对外扩张。最终，楚庄王成为春秋时期的霸主之一，将楚国推向了新的巅峰。

将自己的真实目的隐藏起来，等到自己足够强大、时机成熟后再发动攻击，只有这样才能提高成功率。

头脑发热，小心破绽百出

在所有的较量中，若想提前知道谁输谁赢，大多数时候只要看一个指标就够了——谁先头脑发热，开始意气用事，便证明他离输不远了。魏蜀吴三国鼎立，刘备因关羽被杀而头脑发热，带领全国军队攻打吴国，便注定了他的失败；隋炀帝从父亲手中接过一个富有而强大的国家，但因为他头脑发热，不管不顾地发动远征，输掉了整个国家……

头脑发热意味着什么？意味着此人失去了理性判断，只剩下蛮干，所有底牌、破绽暴露无遗，这样的人，安能不败？

1449 年，大明王朝的边疆并不平静。瓦剌部首领也先率领的铁骑如狼似虎，直逼大明疆界。明英宗朱祁镇在这股边疆风云中，做了一个出乎所有人意料的决定——御驾亲征！

这场御驾亲征的戏码，背后推手是一个叫王振的太监。皇帝在王振的怂恿下带着五十多位大臣和二十五万大军，雄赳赳、气昂昂地向北京北面进发。

大军刚到长城以北，就听说也先的军队撤退了。王振趁此机会又是一番歌功颂德，说明英宗的神威让敌人望风而逃。但有明白人提醒，这可能是敌人的诱敌之计。然而，明英宗在王振的“鼓励”下早已热血沸腾，哪里还听得进这些逆耳忠言？

果不其然，大军深入不久，就遭遇了敌人的埋伏。明英宗慌了神，急忙派三万人去迎战，自己则带着大队人马撤退。结果，那三万人如泥牛入海，无一生还。

明英宗逃到土木堡，惊魂未定。也先的追兵却假意求和，说要撤兵。明英宗竟然信了，下令全军回撤。谁知也先突然发动袭击，大明军队在毫无经验的明英宗的指挥下一败涂地，明英宗自己也成了敌人的阶下囚。这场事变称为“土木之变”。

明英宗因一时头脑发热酿成了大祸。可见，头脑发热，便容易破绽百出。

头脑发热分为两种状况：一种是盲目乐观，忘乎所以，觉得自己无所不能，以至于无法对局势做出公正、客观的判断；另一种是被骤然发生的事情刺激，陷入某种情绪不可自拔，以至于无法进行理性思考，如此一来，自然容易将自己的底牌和破绽暴露无遗。

这就好比与人对弈，原本布局精妙，棋子摆放得井井有条，然而一着不慎，将破绽暴露在对手眼前，招致对方穷追猛打，招招致命，你却招架不住，只能眼睁睁看着自己走向失败的深渊。

想要避免头脑发热，我们在任何时候，做任何事情，都应当保持“敬畏心”，不要得意扬扬地觉得“这件事我闭着眼睛也能做好”。一个成熟的人应该知道：世界上没有任何一件事有百分之百做成功的把握。即便在失意时，我们也应该保持理性，做到喜怒不形于色，藏好自己的“底牌”，做到得意不张狂、失意不沮丧。

第三章 斗力

借力打力，资源不用是浪费

动 则 必 战

与 敌 相 抗

一力降十会，功夫大了不讲理

在与人竞争、博弈的时候，人们往往将策略、计谋看得很重。特别是那些运筹于帷幄之中、决胜于千里之外的角色深深令人佩服。实际上，任何一个计谋背后都有深深的无奈。如果能力比对手强，正面作战就能轻而易举地取得胜利，那么运用计谋反而会提高风险。

使用计谋，意味着要进行大量的计算和逻辑推理，保证每个环节都不出问题，环环相扣，缩小双方之间的差距，最后奋力一搏，才有胜利的机会。如果双方实力悬殊，那么不论用什么计谋，都难以扭转局势。因此，当你有绝对力量上的优势时，堂堂正正地正面作战，远比用计谋方便得多。

古代的皇帝虽然执掌天下，但他们有一件很头疼、难解决的问题——藩王（诸侯王）拥兵自重。

古代信息传输效率低，皇帝不可能坐在皇宫里把天下的大事小情都管好，因此产生了分封制度——皇帝把国家分成几个部分，然后派自己的儿子或心腹分别治理。这些分封到各地的皇子或心腹，便是所谓的藩王。

当年刘邦建立汉朝后，分封了许多藩王，其中有许多是帮助刘邦夺取天下的功臣，如赵王张耳、长沙王吴芮、淮南王英布、燕王臧荼、韩王韩信、梁王彭越、燕王卢绾等。除了这些功臣之外，大多数藩王是刘邦的儿子、亲戚。

刘邦死后，汉朝江山一代传一代，到了刘邦的孙子汉景帝继位时，藩王就成了皇帝的心腹大患——这些藩王割据一方，手下有兵、有人、有钱，有些人甚至不把皇帝放在眼里。于是，汉景帝强势“削藩”，即剥夺藩王的特权。结果，那些藩王不愿意执行皇帝的命令，七个藩王联合起来造反，史称“七王之乱”。

虽然最后汉景帝成功平息了“七王之乱”，但是他的削藩计划也落空了。

汉景帝死后，汉武帝继位，他也想削藩，但是有了父亲的前车之鉴，知道靠蛮力削藩是不可取的，很有可能引起国家动荡。这时，汉武帝麾下的名臣主父偃为他献上一条可以兵不血刃解除藩王威胁的办法——推恩令。

所谓推恩令，就是将以往藩王的“长子继承”制度改为“多子继承”。以前，藩王死后，他的领地由长子完全继承，而现在，不仅长子拥有继承权，他的二儿子、三儿子都有权继承父亲留下的封地，如此一来，就变成一块封地多个人分。经过几代人，那些疆域广阔的大诸侯国便会分解成为一个个小诸侯国，再也没有能力对抗朝廷、对抗皇帝了。

推恩令就是一力降十会的标准操作，其关键不是皇帝的命令不可违背，而是人心中的贪念。长子继承制度，利益都归长子一人，自然会引发其他子嗣的不满。推恩令给了这些人一个光明正大获得继承权的机会，有了官方背书做支持，自然没人愿意放弃自己应得的利益。那么，藩王即便知道这样做会削弱家族的势力，却也没有办法破解这堂堂正正的一击。

因此，当你与人博弈时，如果有足够的力量从正面击溃敌人，就要减少计谋的使用。根据奥卡姆剃刀准则，越是简单，就越容易成功。

四两拨千斤，也得先找个支点

阿基米德说：“给我一个支点，我就能撬起整个地球。”这是因为阿基米德是氪星人，拥有超人一般的神力吗？当然不是，他能以凡人之力撬动地球，前提是有一个合适的支点。支点可以无限放大人的力量。当你找到那个支点后，即便对方的强大是你难以企及的，依然有获胜的可能性。

春秋时，齐桓公由于有贤相管仲辅佐，曾称霸中原。齐桓公对管仲十分敬重，遇到问题总能虚心请教。

管仲病危时，齐桓公去看望他，问："仲父对寡人有何教诲？"

管仲说："我希望你能远离易牙、竖刁、常之巫、卫公子启方这些人。"齐桓公不理解，因为管仲说的这些人都是他信赖的臣子。可是，管仲为什么让他远离呢？他提出了疑问。

桓公说："易牙用他儿子的肉来孝敬我，说明他爱我胜过爱他的儿子。"

管仲说："如果他对儿子都很残忍，对君主怎么能好呢？他只是揣摩你的心意，用假爱迷惑你。"

桓公又说："常之巫能预知人的死期，能治疗我的顽疾，难道不能信任他吗？"

管仲回答说："死生由命，顽疾是身体上的毛病，你不能掌握自己的命数，守住自己的根本，却依靠常之巫维系健康。这如同博弈，他抓住了你的弱点，怎不会为所欲为？"

桓公不服气，又说："卫公子启方，侍奉我已经十五年了。为了我，他父亲去世了，都没有回去奔丧。这样的人，爱我胜过爱父母，我难道还不能信任吗？"

管仲叹了口气说："人最亲的莫过于父母，对父母尚且如此无情，怎么可能会真心对你好呢？你一定要看清楚这个人。"

桓公思量再三，认为管仲的话有理，便答应了。管仲死后，他便驱逐了这四个人。但是因为习惯了这四个人在身边服侍，忽然失去，他食不甘味，夜不酣寝，更没有心思上朝理政，再加上旧病复发，更觉浑身难受。

于是，桓公又向另一位大臣求助。这位大臣显然没有管仲的本事，他只是告诉桓公，忍耐一下，习惯没有这四个人以后就好了。

这样的劝说哪会有效，结果齐桓公还是将这四个人召回了朝廷。第二年，桓公病了。常之巫抓住机会，造谣说：“桓公将很快死去。”

于是，易牙、竖刁、常之巫勾结起来，发动了政变。他们利用自己手中的权力，堵住桓公的宫门，不准任何人进出，并在宫外修起三丈多高的围墙。由于无法和外界联系，再加上没有水和饮食，没过多久，桓公就活活饿死了。

管仲能成功说服齐桓公，就是因为他从每个奸臣的身上都找到了那个支点，让齐桓公相信了自己的说法。而之后为齐桓公出主意的那位大臣就要逊色很多了。他说要齐桓公习惯、忍耐，这没有任何错误，但因为没有支点，即便是正确的劝告，力量也不够扭转齐桓公的想法，因此没有成功。

在力量不足以做成某件事情、说服每个人的时候，只有找到支点，放大自己的力量，才能以小博大，取得成功。

以情动人，没有资源就创造资源

人们常常感叹：有的人拼搏一生，都无法走到“罗马”，而有的人自出生就已经在“罗马”了。一个拥有高智谋的人，能够在资源有限的情况下，看到别人看不到的机会，想到别人想不到的方法，从而为自己找到创造资源的途径。

陆雪，一个年纪不大、相貌平凡、举止有礼的女生，不像其他同行那样热情，但她却是公司的金牌销售。那么，她是如何做出如此出色的业绩的呢？这就要从她入职的时候说起了。

那一年，陆雪毕业后进入一家金融公司，做了一名销售。经过一段时间的观察，她认为最好的销售方式就是与对方搞好关系，成为朋友。在建立了情感纽带后，推销的成功率就会大大增加。于是，她制订了几项计划。

第一项，搬家。

人有见面之情，只要自己礼貌亲切，就能跟周围的人熟悉起来。因此，要想把某个小区的住户变成自己的客户，在该小区租下一间房子是很有必要的。选择的小区目标用户要多，要有理财观念。

第二项，养狗。

即便是距离上够近，想跟人熟悉起来也总要找个理由。如果双方都有养宠物的爱好，话题更容易打开，关系更容易拉近。当然，也有人不喜欢宠物，那就需要另外找机会接近对方。总之，养狗是进可攻、退可守的策略。

第三项，加入小区业主较多的运动团队。

现代人比过去更注重身体健康，在条件允许的情况下，很多人会选择一些既有趣又能保持健康的运动。例如，小区中有一些女士热衷于网球、游泳，会定期约好一起活动。男士喜欢的棒球，她也能参与。更有利的是，参与活动的往往还有小区业主之外的人，有助于建立其他人际关系。

第四项，交往中目的性不能太强。

一旦在人际交往中暴露出太强的目的性，对方就很容易警惕起来。要给他人提供帮助，而不是向人求助。

制订好计划后，陆雪就一项一项地执行起来。她花了几个月时间建立人际关系，几个月后就开始迎来收获。小区里的许多住户知道，他们有个名叫陆雪的邻居，很有爱心，养了条狗，喜欢运动，在金融公司上班。许多人有理财需求时，第一个想到的就是找陆雪咨询。大多数人都抱着“她人那么好，咱们和她那么熟，找谁买不是买”的想法，通过陆雪的介绍购买理财产品。

几个月后，陆雪挖掘了这个小区的所有潜在客户，便和熟人们道别，搬去了新的小区。陆雪搬走后，还经常有过去的邻居打电话向她咨询理财信息。

人与人之间的情感交流是非常重要的，在有需求的时候，会优先想到亲近的人、熟悉的人，之后是认识的人，最后才是陌生人。即便是那些没有过多交集，只是知道对方名字的人，也比陌生人更值得信任。

人是情感动物，不管多理性的人，都会在没有明确利害关系的情况下做一些能满足自己情感需求的事情。可以说，情感投入实际上是一种无形的资源投入，它能够给人带来意想不到的回报。

‖ 六度人脉，资源就藏在身边

孤胆英雄固然令人钦佩，但现实中的无数例子告诉我们，单打独斗是很难成功的。每个成功人士的背后，都有优秀的团队帮忙运作。可见，人脉是一种珍贵而强大的资源。

既然人脉这么有用，为什么不将其利用起来呢？很多人会说，自己根本不认识那么多能帮得上忙、有能力的人。然而，六度人脉理论告诉我们，事情并非如此。

根据六度人脉理论，地球上的任何人都能通过五层以内的熟人关系联结起来。也就是说，只要努力寻找，总能找到有帮助的人脉。

西晋有一位很有名的文学家叫左思，他小时候身材矮小，貌不惊人，说话结巴，才智不足，书法、弹琴等功课都不理想，父亲很不喜欢他。但是，左思并不甘心，他发愤学习，熟读各种经史子集。当他阅读班固的《两都赋》和张衡的《西京赋》时，虽然惊叹于文章的文辞华丽，却认为其华而不实。于是，他决定根据历史和事实，抛弃华而不实的文风，写一篇《三都赋》，把东汉末期的魏都邺城、蜀都成都、吴都南京写入赋中，让人们真切地了解“三都”。

为了写好文章，左思大量收集历史、地理、物产、风俗人情的资料，闭门谢客，开始创作。其间，他冥思苦想，反复推敲，时常好久才写出一个满意的句子。不论是在庭院、厕所还是卧室，他都拿着笔和纸，只要有思路，就马上记录下来。历经十年，他终于完成了《三都赋》。

左思对自己的作品很满意，认为它不比《两都赋》《西京赋》逊色。然而，当他把文章拿给别人看时，却遭到了讥讽和嘲笑。当时陆机也想过写《三都赋》，但因种种原因未写成，听说左思写成了《三都赋》，便挖苦道：“这小子不知天高地厚，竟想超过班固、张衡，太自不量力了！”一些文人认为左思是无名小卒，定不会写出什么佳作，于是根本不仔细看，就把《三都赋》说得一无是处。

左思并不气馁，拜访了著名文学家张华，希望他能点评自己的文章。张华认真阅读了文章，并细心地询问了左思的创作动机和经过，之后对《三都赋》称赞不已，还将其推荐给在洛阳很有名望的皇甫谧。皇甫谧对这篇文章也给出了高度评价，不仅为文章写了序言，还专门请来著作郎张载为《三都赋》中的《魏都赋》做注，请中书侍郎刘逵为《蜀都赋》和《吴都赋》做注。

在几人的作序推荐下，《三都赋》很快在文人中流传，阅读、称赞的人越来越多，甚至之前嘲笑过左思的陆机也主动拿来阅读。仔细阅读一番后，他连声称赞写得好，断定自己再写也绝不会超过这篇文章，索性就停笔不写了。

之后，洛阳文人、豪门贵族都争相阅读和抄写，遂使纸价上涨，成就了“洛阳纸贵”的佳话。

左思的成功，就是因为六度人脉。如果他没有坚持不懈地将文章拿给他人去评价，就得不到张华的认可，也就没有“洛阳纸贵”的佳话了。

因此，当你觉得找不到强有力的人脉支持的时候，不妨再多尝试、多奔走一下。只要赢得了其中一位的认可，通过这一条人脉，你就能获得更多的认可和支持。人脉会成为你可靠的后盾，为你铺就成功之路。

以他人之名，全自己之实

对于拼搏奋斗的人来说，最难过的事情恐怕就是有志难伸、怀才不遇了。有些人明明实力不如自己，但偏偏因为比自己早一步进入圈子而被更多的人认识，进而获得很多自己梦寐以求的机会。这就如同招聘方要求的工作经验一样，即便只有一点点失败的经验，也比完全没有经验的更受欢迎。

那么，要如何改变这样的情况，抓住难得的机遇呢？先“上车”，后“补票”，以他人之名，全自己之实，就能很好地解决问题了。

刘邦晚年宠爱美貌的戚夫人，戚夫人常说吕后和太子的坏话，还总劝刘邦换太子。这种话听多了，刘邦开始不待见吕后和太子，并想立赵王刘如意为太子。

大臣们都去劝刘邦，但他就是不听。吕后急得没办法，只好去找已经退休的张良想办法。张良本来不想管，但吕后一再求他，他就给吕后出了个主意：“想让太子稳坐位置，就得让他去请商山四皓。”

商山四皓是谁呢？就是当时特别有名的四位贤人，分别叫东园公、绮里季、夏黄公、角里先生。他们从秦朝开始就在商山隐居，不问世事。因为年纪大了，头发和胡子都白了，所以大家都叫他们商山四皓。

刘邦当皇帝后也很尊敬他们，想请他们出山辅佐自己治理天下，可他们就是不愿意，刘邦虽然有点失望，但更加尊敬他们了。吕后听了张良的建议，就让太子带着礼物亲自去请他们到长安来。

太子刘盈为人很谦逊，对商山四皓更是毕恭毕敬。几天相处下来，四位老先生被太子的真诚感动了，就跟着他到了长安。

刘邦看到太子身后四位白发苍苍的老人，便问他们是谁。太子说："父皇您一直尊敬商山四皓，我就拜他们为师了。"刘邦很惊讶，问他们为什么愿意出山。

四位老先生说："太子仁德，礼贤下士，我们愿意帮他守护大汉。"刘邦听后沉默了。太子走后，戚夫人又劝刘邦换太子，但刘邦说："现在太子已得人心，还有商山四皓帮忙，大汉江山稳了。我不能逆天而行。"刘邦去世后，太子刘盈顺利继承了皇位。

刘盈能够继承皇位，依靠的并非自己的力量，而是群策群力的结果，包括吕后的据理力争、张良的出谋划策。当然，最重要的还是商山四皓的支持。那么，商山四皓给出了什么实际上的帮助吗？其实没有。只是因为他们德高望重，就为刘盈争取了继承皇位的机会。

有志难伸、怀才不遇是很多人在颠簸半生后依旧难以忘怀的痛。要想得到他人的认可，就要先得到一个展示自我的机会，这个机会是很难得到的。一旦获得他们的支持，你就有了一展抱负的机会。

志同道合，用利益捆绑盟友

在成功的道路上，我们有无数的同行者。这些同行者与我们的关系，可以是竞争对手，也可以是合作伙伴。他们的角色，取决于我们的做法。当我们遇见强大的竞争者，或是比我们更早走上这条路的对手时，同行者的心态是“又少了个竞争对手”，还是兔死狐悲、唇亡齿寒，也取决于我们的表现。

两次世界大战给这个世界带来了无数创伤，因此被人们牢牢铭记。人们都知道萨拉热窝事件是第一次世界大战的导火索，然而早在巴尔干战争时，炸药桶就已经埋好了。

巴尔干地区处于欧洲东南部，是亚、非、欧三个大洲的交汇处。控制了巴尔干半岛，就意味着控制了黑海、地中海的门户。因此，这里有着非常重要的战略意义，是兵家必争之地。14 世纪，奥斯曼帝国地跨亚、非、欧三大洲，不仅统治了巴尔干地区，还对这里的人民进行了残酷的奴役。到了 20 世纪，奥斯曼帝国日渐衰落，巴尔干地区的人民看见了曙光。

为了让阿尔及利亚获得自由，为了解放保加利亚、塞尔维亚、希腊等在巴尔干地区饱受政治迫害的人民，保加利亚王国、塞尔维亚王国、黑山王国、希腊王国联合起来，成立了巴尔干同盟。此时欧洲国家已经进入殖民时代，意大利对奥斯曼帝国拥有的大片土地虎视眈眈，双方开始交战。巴尔干同盟也趁机向奥斯曼帝国发出通牒，要求奥斯曼帝国撤出巴尔干地区。

瘦死的骆驼比马大，烂船还有三分钉。即便奥斯曼帝国已经日薄西山，仍不觉得四个小国组成的联盟能反了天，于是毫不犹豫地拒绝了巴尔干同盟的要求，开始动员军队，准备作战。

奥斯曼帝国的正规军数量有 28 万，算上战时动员的预备役可达

70万之多。巴尔干同盟的兵力只有不到40万，且战斗力不如奥斯曼帝国正规军，但要好过没能通过训练恢复战力的奥斯曼帝国预备役。至于巴尔干同盟的预备役，都是些从未接受过任何军事训练的普通人。

信念

从表面上看，只要奥斯曼帝国的预备役没有恢复战斗力，双方差距尚在可接受的范围内。一旦拖得久了，让奥斯曼帝国动员完成，巴尔干同盟就难以与奥斯曼帝国对抗了。没想到，战争从一开始就朝着出乎意料的方向发展，巴尔干同盟节节胜利，奥斯曼帝国节节败退。

这主要是因为巴尔干同盟的士兵有强大的使命感。这是一场关乎民族解放的战争，即便是没有经受过任何军事训练的预备役士兵，到了战场上也毫无畏惧，勇猛无比。于是，短短三个月的时间，巴尔干同盟就击溃了奥斯曼帝国的军队，逼迫奥斯曼帝国签订了停战协议，阿尔及利亚趁势独立。

虽然欧洲在巴尔干战争后局势变得更加紧张，但这场战争的胜利毫无疑问对民族解放运动有着非常重大的意义。每一次民族解放运动的胜利，都在告诉其他被殖民地区的人民，只要团结起来、意志坚定，那些训练有素、装备精良的侵略者并不是不可战胜的。

对自由、解放的渴望，是巴尔干地区所有国家都拥有的。正是因为这样，几个小国才能真正拧成一股绳，发挥出更大的力量。当我们面对更加强大的对手，力有不逮的时候，不妨告诉同行者：如果我失败了，下一个失败的就是你。这样一来，对方很难不向我们伸出援手，共同战胜对手。

第四章 和合

善打圆场，适时给人台阶下

不务远图 好施小巧

反击，要礼貌又不失风度

在社交场合中，不是所有人都保有礼貌和善意，总有人喜欢用贬低他人的方式抬高自己，以便在他人面前树立更加高大的形象。如果你不幸成为对方的目标，如何还击就成了一个问题。很多人遭遇这样的情况后，夜不能寐，想着自己当时要是能做出合适的还击就好了。

其实，做出还击并不难，秉持礼貌而不失风度的原则，就能在不损害自身形象的情况下完美地反击。

三国时期，曹操挥军南下，直指江东。孙权、刘备都岌岌可危，面临着被消灭的危机。刘备有意联合孙权共同抵抗曹操，恰好鲁肃前来相见，也极力劝刘备与孙权联合，共拒曹操。于是，权衡利弊后，刘备让诸葛亮跟着鲁肃到东吴促成同盟事宜。

见到诸葛亮，孙权问道："你最近在新野辅佐刘备，与曹操交战几次，胜负如何？"

诸葛亮回答："刘豫州士兵不足千人，大将只有三四人，再加上新野是小城，粮草缺乏，怎么能抵挡曹操？"

孙权一听，换个话题，又问："曹操有多少兵马？"

诸葛亮回答："曹操破吕布，灭袁绍，收北番，定辽东，最近又平了刘琮，现在兵马超过百万。"

孙权大吃一惊，不相信曹操拥有这么多兵马，心中有所畏惧，又问道："曹操手下战将如何？"

诸葛亮平静地回答："足智多谋之士，能征惯战之将，何止一两千人！"

孙权更加震惊，继续问："那么，先生认为是战还是不战呢？"

诸葛亮先分析形势，接着反激孙权说："现在曹操已经基本平定天下，威震四方，只有刘豫州不识时务，与之抗争，刚刚被打败。孙将军继承父兄基业，应量力而行。如果能与曹操抗衡，就该早点断绝关系，奋力一战。如果不能抵抗，还不如按照众谋士的办法，投戈卸甲，向曹操投降！”

孙权听了这话，大为恼火，反唇相讥：“既然这样，为什么刘豫州不投降呢？”

诸葛亮笑着说：“汉初的田横，不过是齐国的一位壮士，尚能坚守道义而不屈服，更何况刘豫州是汉室宗亲，英才盖世，天下仰慕。即便不敌曹操，也是天意，怎能屈膝投降呢？曹操虽有百万雄兵，但在我看来，根本不值一提。孙将军为什么不问如何战胜曹操，却问我是战还是降呢？”

孙权彻底被激怒，勃然正色地说道：“我江东坐拥十万之众，岂能不战而降？我已经决定，誓死抵抗曹操！”

就这样，在诸葛亮礼貌而不失风度的语言攻势下，孙权坚定了抗曹的决心，为三分天下的赤壁之战奠定了基础。

诸葛亮反击孙权的话，不仅用词礼貌优雅，而且在立场上也是站在孙权一边的。掩藏在这些语言之下的真实含义，却是讥讽孙权不如刘备。刘备如同汉初的田横一样，是宁死不降的勇士；孙权虽然家大业大，却不过是继承父兄打下的基业罢了。这样不带脏字却句句见血的羞辱，难怪段位不高的孙权忍不住暴露了自己的真实想法。

调侃自嘲，给自己搭个台阶下

自嘲在社交场合中是非常强大的工具，遭遇尴尬时能缓和气氛，面对陌生人时能拉近距离，最重要的是，能在遭遇窘境的时候为自己搭个台阶下。

战国时期，秦国趁着赵国政权更替之际，加紧了对赵国的进攻，并连着攻下三座城池。赵威后向齐国求救，齐国虽答应派兵相助，但前提是要赵威后的小儿子长安君去做人质。赵威后十分宠爱长安君，怎肯让他去？

为此，不少大臣“强谏”，惹得赵威后大为恼火，放话说：“谁再说让长安君做人质，我一定朝他脸上吐唾沫！”

在这种情况下，左师触龙为了国家安危想了一个劝谏策略，求见了赵威后。

两人见面一番寒暄后，触龙把话题引到孩子身上。他说道：“我的儿子舒祺，年龄最小，不成才，而我又老了，疼惜他，想能让他替补黑衣卫士，希望太后能应允。”

赵威后问道：“这孩子年龄多大了？”

触龙说：“十五岁。虽然还小，但我还是希望趁我没入土时托付给您。”

赵威后想到自己疼爱的小儿子，问道：“你们男人也疼爱小儿子吗？”

触龙说：“比妇人还厉害。”

赵威后不以为然，笑着说：“女人才是更疼爱小儿子的。”

触龙回答说：“我认为，您疼爱女儿燕后就超过了长安君，怎么能说更疼爱小儿子？”

赵威后否认说：“您错了！我更疼爱长安君。”

触龙解释说：“父母之爱子，则为之计深远。您送燕后出嫁时，拉着她哭泣，伤心她嫁到远方。您不是不想她，可是祭祀时，却一直为她祈祷‘千万不要被赶回来啊’，难道这不是为她做长远打算，希望她生育子孙，一代一代地做国君吗？”

赵威后深表认同，回答：“是这样的。”

触龙接着问：“从这一辈往上推到三代以前，甚至到赵国建立之时，赵国君主的子孙被封侯的，他们的子孙还有继承爵位的吗？”

赵威后说：“没有。”

触龙说：“不只是赵国，其他诸侯国君被封侯的子孙的后继人还有在的吗？”

赵威后说：“我没有听说过。”

触龙说：“不管是被封侯的还是他们的子孙，无不遭遇了灾祸，难道国君的子孙就一定不好吗？他们之所以祸及自身，就是因为地位高却没有功劳，俸禄丰厚却没有功绩啊！现在您宠爱长安君，给他崇高的地位，封他肥沃的土地，赏赐他无数金银珠宝，而不让他为国立功，那么等您百年之后，长安君凭什么在赵国站住脚呢？我认为您为长安君打算得太短了，所以认为您疼爱他比不上疼爱燕后。”

赵威后思考了一会儿，认为触龙说的话有道理，当即同意派长安君去齐国做人质。

面对已经发威的太后，被啐上一脸唾沫是小事，不能缓和气氛、打开局面才是大事。触龙自嘲比妇人更心疼孩子，不仅引发了赵威后的共鸣，还缓和了谈话的气氛，让赵威后愿意听他说关于长安君当人质的话题，这才是触龙能说服赵威后的根本原因。

如果我们在社交场合因为气氛的关系，不能将社交进行下去，那就没办法达成目的。幽默是缓和气氛最好的办法，自嘲又是幽默中最不会冒犯任何人的一种方法。会给自己搭台阶，增强亲和力，才是高段位应有的交际方式。

旁敲侧击，讲道理不伤他人面子

在没有足够利益影响的情况下，人人都是爱面子的。特别是在社交场合，面子与利益密不可分。自己丢了面子，在社交场合的地位就会降低。伤害了他人的面子，就会影响我们的社交成果。特别是上位者做错事情的时候，不规劝他会一错再错，规劝了又难免落了对方面子，这时候，采用旁敲侧击的方式可以既讲道理又不伤他人的面子。

春秋时期，齐国国君齐景公爱马成痴。秦国听说后，就送来一匹通体雪白的宝马给齐景公。齐景公非常喜欢，特意安排马夫专门照看这匹马。

即便马夫精心照料，这匹马还是死了，而且死得不明不白。齐景公暴怒，命人将马夫抓起来，处以肢解之刑，三天后执行。晏子听说后，就来问齐景公："国君，请问尧舜肢解他人时，是从哪个部位开始的呢？"

听了晏子的问题，齐景公羞愧难当。尧舜乃是上古贤王，哪里做得出肢解他人的事情？于是就将肢解改成斩首。晏子认为，斩首的惩罚还是过重了，毕竟只是死了一匹马，难道非要让一个人来陪葬吗？但在国君暴怒的时候触霉头，一不小心可能连自己都搭进去了。想来想去，晏子决定用旁敲侧击的办法劝诫齐景公。

想好了对策，晏子就来到马夫跟前，对马夫说："国君判处你斩首之刑，是合情合理的，因为你有三大罪状！

"第一条，国君让你养马，你没有养好，反而给养死了。

"第二条，国君交代的事情你没有完成也就罢了，死的马还偏偏是国君最喜欢的一匹。

"第三条，因为你，整个齐国的百姓都知道了相比于人，国君更看重马，肯定会把国君当成暴君看待。其他国家听说这件事情，也会轻视齐国，让齐国的形象遭到破坏。"

晏子说前两条的时候，齐景公还频频点头，觉得他说的话有道理。到了第三条的时候，他才明白，自己因为爱马暴毙要处死马夫的行为会有多大负面影响。晏子表面上是在罗列马夫的罪状，实际上却是含蓄地向齐景公进谏，劝说他不要杀马夫，否则会给人留下重马轻人的印象。

齐景公听懂了晏子的弦外之音，于是放过了马夫。晏子的几句话，既救了马夫的性命，又保全了齐景公和齐国的形象，真是能言善辩，令人佩服。

人是情感动物，不管多理智、多聪明的人，也难免有情绪上头、不能自制的时候。在这种情况下，直言进谏无疑是火上浇油，会让对方情绪更加糟糕，让情况变得更不可控。通过旁敲侧击的方式，能让对方自己领悟问题的关键，从而达成劝说的目标。

在实际操作的时候，旁敲侧击要注意选择合适的语气和对象。如果没有选择好，原本善意的规劝很容易被当成阴阳怪气的讽刺，这时候不仅达不到劝说的目的，反而会让对方转移目标，把你当成出气筒。

沉默几分钟，让他冷静一下

调动情绪，是社交的必要技能。从古至今，伟大的演讲家、辩论家，都很擅长使用这一武器。不管是说服对方还是争取摇摆不定的其他人，调动情绪都能达到很好的效果。但是，那些充满激情的演说、让人热血沸腾的话语，真的都是对的吗？真的是谁的话语能让人迸发出更多的激情就更有道理吗？显然不是的。

道理永远不是谁的声音大就站在谁那边，但人的情绪被调动起来后，往往会失去理性的判断能力。这时候，与对方正面对抗几乎是没有胜算的。想要争取其他人，也难以通过对抗达成目标。这样的对抗甚至会被当成反派，让你的每句话都起到反作用。那么，要如何应对调动情绪这一招呢？

19世纪中叶，美国因为奴隶制问题进行过许多讨论和尝试，其中最著名的就是林肯与道格拉斯轰轰烈烈的七次大辩论。林肯坦然承认自己厌恶奴隶制，但这不代表他是个坚定的废奴主义者，因为当时美国的许多经济产业还需要奴隶来支持。

道格拉斯不是奴隶制坚定的拥护者，但也不是废奴主义者。他认为，美国各州应该有资格选择是否允许蓄养奴隶，这是人民的自由和权利。

在两人的对抗中，道格拉斯致力于将林肯塑造成一个坚决的废奴主义者，并发出暗示，一旦林肯有机会实现政治抱负，奴隶制就必然会被废除。

谈到自由和权利，每个人内心中基本的渴望都被唤醒了。人们激动万分，仿佛支持林肯就意味着要放弃自由和权利，全然没意识到奴隶制的存在本身就是一种错误。在这样的气氛下，林肯说得越多，就越会引起人们的逆反心理，越是让他们觉得自己的自由被干涉了，权利被剥夺了。

最开始，林肯还试图争取几分胜算，但说到一半的时候，他突然停下了，将双手放在演讲台上，站得笔直，就如同古罗马时期的一尊雕像一样肃穆。他的双眼直视前方，目光坚定。

伴随林肯的沉默，整个会场逐渐安静下来。大多数人从狂热的情绪中走出来，开始审视情绪之外的东西——观点的正确性。

之后，林肯缓缓地说："朋友们，不管是道格拉斯还是我入选，都是无关紧要的，但是我今天向你们提出的这个问题才是最重要的，远超过任何个人的利益和政治前途。朋友们——"

林肯再次沉默，深情地看着所有人，而所有人也都屏住呼吸，集中精力，盯着林肯。沉默十多秒后，林肯再次说道：“即便道格拉斯和我那可怜、脆弱、无用的舌头已经安息在坟墓里，这个问题仍存在……”

这场辩论林肯获得了胜利。但在投票的时候，因为支持者数量本就不占据优势，林肯还是落败了。然而，林肯的数场演讲如同一道惊雷在美国社会炸响，为他后来成为总统奠定了基础。

在进行语言交流的时候，思考是很有必要的。一味去攻击、去对抗，未必能起到更好的效果。特别是在求同存异的交流中，给对方一点时间冷静下来，让其在不受情绪干扰的情况下认真思考，反而能产生更好的效果。当对方能在思考中明白自己的错误时，这场辩论就不战而胜了。

赞美他人，让大家面子上都好看

在人生的道路上，我们会有很多次成功，有些成功影响着我们的命运，而有些成功不过是社交场合里的“小游戏”。那些能影响命运的成功，是远比面子重要的。输掉后，人们更加关心的是损失，是成本，是没抓住的机会。那些小游戏似的成功往往不涉及损失，也不关乎未来，因此输赢远没有面子重要。

那些擅长保全自己和他人面子的人，是社交场合里的高手。社交场合中的“游戏”不论输赢，都不影响他们在人际交往中成为赢家。

在东汉末年，群雄纷争，烽火连天。曹操、孙权、刘备三分天下，各霸一方。那是一个英勇与智谋并存的时代，一场场惊心动魄的战役，构成了这个历史时期的壮丽画卷。

建安十八年（公元 213 年），曹操率军攻占濡须坞（巢湖通往江东的要塞），意图以此作为跳板，进一步蚕食江东。孙权得知消息后，怒不可遏，发誓要夺回这个重要的战略要地。

夜色如墨，星光稀疏。孙权亲自挂帅，率领三千精锐勇士，以及数千名潜水好手，乘着夜色悄然出发。他们的目标只有一个——夺回濡须坞。战船如箭在弦，一触即发。当战船抵达濡须坞附近时，孙权下令让战船团团围住濡须坞，形成一个密不透风的包围圈。

随着孙权的命令，战鼓擂动，声音震天响。这是向曹军发出的挑战信号。然而，曹军却并未应战，他们紧闭营门，坚守阵地。孙权见状，心生一计。他命令一艘战船直逼曹军营门，试图引诱曹军出战。

曹营内，将领们看到江东军如此嚣张，纷纷向曹操请战。然而，曹操深知孙权的用意，于是告诫将领们：“孙权主动挑衅，无非是想让我们迎战，从而借机摸清我们的兵力究竟是如何部署的。各位一定要稳住心神，不要轻举妄动，以免泄露军机。”

孙权见曹军不上当，便命令船队在水上来回穿梭，演奏激昂的军乐，试图扰乱曹军的军心。火把的光芒照亮夜空，如同白昼一般。

曹操远远地望着孙权的军队，心中不禁暗赞孙权兵法高超。东吴的军队阵容齐整，士气高昂，显然是治理有方。

面对这样的情况，曹操不禁发出感叹："生子当如孙仲谋，刘景升儿子若豚犬耳！"

曹操的话是在称赞孙权，但更多的是为自己留点面子，找个台阶下。东吴擅长水军，即便是在夜里，也能阵容齐整，不仅有战船，还有大量擅长潜水的士兵。曹操面对孙权的挑衅无可奈何。如果是在白天，尚且还能凭借兵力上的优势与东吴水军争锋，但在夜晚，贸然出击恐怕会全军覆没。

因此，曹操只能任由东吴水军耀武扬威。要是对此一言不发，或者干脆承认曹魏水军远远不如东吴，既打击了将士的信心，又丢了自己的脸面，因此不如称赞孙权厉害：他那么厉害，我暂避锋芒没问题吧？这话一说，大家就都不丢脸了。

及时称赞赢家，不仅能让他人觉得赢家非常优秀，落败者略逊一筹并不丢脸，还能将他人的注意力转移到赢家身上，不过多关注落败者。即便有人关注，也会同时注意到落败者宽广的心胸，从而最大限度地保全脸面。

第五章

用智

三思而行，多思慎行能成事

未能通幽

战则用智以到其功

多思慎行，提防赞美背后的“杀机”

一个人的智谋段位，往往决定了他在复杂社交环境中的生存能力。高段位的人，能够洞察人心，识别真假；低段位的人，则容易被别人的话语所迷惑。

人与人之间的交往是非常错综复杂的。有时候，一句看似不经意的赞美，背后或许隐藏着深不可测的动机。历史上就有不少令人防不胜防的“捧杀战术”——将对手抬到一个本来达不到的高度，人在不属于自己的高度上是站不稳的，迟早会掉下来。

当赞美被别有用心的人利用时，它就变成一种危险的武器。这种武器杀人于无形，会让人在不知不觉中陷入困境。因此，当听到赞美的话时，你一定要多思慎行，保持清醒的头脑，不要轻易被甜言蜜语所迷惑。

西晋时期，有个名叫王浚的人，是骠骑将军王沈的私生子。由于王沈没有其他儿子，因此在他死后，王浚便继承了他的家业与爵位，盘踞幽州，成为一方诸侯，风光无限。然而，好景不长，他的命运就因为一个“捧”字而急转直下。

当时，冀州有个野心勃勃的军阀石勒，一直对王浚的地盘垂涎三尺，于是便向手下的谋士张宾问计，意图吞并王浚的地盘。

张宾深知王浚这个人，虽然表面臣服于朝廷，但内心其实一直渴望自立为王。于是，他想到一个主意——给王浚灌点“迷魂汤”，极力吹捧他，引诱他自立为王。这样一来，天下人必定群起而攻之，他们自然就能坐收渔翁之利，趁机夺取地盘了。

石勒同意了这一计策，不仅派人给王浚送去金银财宝，还写信恭维他，说他有皇帝之相，自己愿意效犬马之劳。这些甜言蜜语像是一股暖风，吹得王浚心花怒放。

石勒派去的使者王子春也是“拍马屁”的好手，简直把“拍马屁”的技艺发挥到极致。他说石勒与王浚相比，简直是月亮与太阳、江河与沧海的差距。这番话让王浚的虚荣心得到了极大的满足，他开始飘飘然，觉得自己真的有了称帝的资本。

眼看时机成熟，王浚竟真的准备自立为帝，石勒又来信表示要亲自带兵支持他称帝，王浚毫无戒备地答应了石勒的请求。

有人提醒王浚要提防石勒，但他却笑着说：“石勒是来拥戴我的，怎么会有二心呢？”就这样，石勒的大军如入无人之境，轻松进入幽州城。

结果可想而知，石勒的军队一进城就发动突袭，王浚称帝的美梦瞬间破灭。最终，这个一度权倾朝野的人物因为听信甜言蜜语而付出了惨重的代价。

可见，甜言蜜语虽好听，但切不可轻信。只可惜，王浚明白这个道理的时候已经太晚了。

谁都喜欢听好听的话，这是人之常情，但很多时候，甜言蜜语的背后可能隐藏着未知的风险。就像王浚，不正是因为被甜言蜜语冲昏头脑，才会放松警惕，轻易落入敌人的陷阱之中吗？

可见，听到赞美的话，我们一定要懂得用头脑去思考，而不是只用耳朵去听信。赞美的话语，若是只用耳朵听，听得多了，难免就会“信其有”，从而失去对自己的客观认识；但若是懂得用头脑去分析，也许你会发现，那些言过其实的赞美背后，实则处处隐藏“杀机”。

俭德辟难，谨防贪婪惹祸端

庄子言：“贪财而取慰，贪权而取竭。”面对诱惑时，我们要多思多想，审慎以待，避免被一时的贪欲所掌控，否则必然招惹祸端，带来毁灭。欲望虽是人之常情，但若不能用理性控制，它终究会成为我们身上致命的弱点。

《梁书 · 到溉传》有一则故事：某天夜里，主人与客人坐在院中乘凉，天非常黑，唯有一支蜡烛闪着光亮。此时，忽见一只飞蛾扑打翅膀而来，绕着烛光飞舞，越来越近，不论主人如何驱赶，都不肯离开，甚至不顾一切地朝着火焰扑去。飞蛾的翅膀被滚烫的烛火灼伤，最终它无力地跌落在地。

主人感叹说："飞蛾是多么愚蠢，火能烧身，它却还不顾死活地一头扎进去！"

客人也叹息道："人又何尝不是如此呢？为了贪图欲望、利益，竞相追逐，犹如飞蛾扑火。"

贪婪是祸端，是人性中致命的弱点。早在千百年前，老祖宗就已经告诫过世人无数次，但时至今日，却依然有许多人在贪婪的驱使下，犹如飞蛾扑火一般，争先恐后地跃入欲望的深渊，让本该美好的明天坠入黑暗，走向毁灭。

亚当 · 诺依曼，这个名字背后隐藏着一段商业传奇。这位年轻英俊的商业奇才，在短短 15 年内，便从零开始创造了一个价值 3 000 亿的商业帝国——WeWork。然而，一切辉煌又如流星般短暂。一夜之间，他的帝国崩塌，令人唏嘘。

2008 年，亚当与好友米格尔在天台借酒浇愁时，回忆起学生时代的集体生活，突发奇想：为何不把这种群体生活的快乐融入工作呢？于是，共享办公的理念应运而生，WeWork 就此诞生，很快成为商业新宠。

亚当凭借其绝妙的商业理念和出众的口才，吸引了众多投资大佬的青睐，WeWork 迅速崛起。在事业的巅峰时期，亚当迎娶了富家千金丽贝卡，事业、爱情双丰收，走上了人生巅峰。

然而，好景不长。丽贝卡不满足于做一个富太太，渴望在事业上大展拳脚。亚当对她的野心给予无条件的支持，甚至在公司为她

特设职位。但这对夫妻的所作所为，却逐渐将公司引向深渊。

他们利用公司中饱私囊，注册域名、炒卖地皮，再转手卖给公司，这些行为逐渐掏空了 WeWork 的根基。最终，这个曾经辉煌的商业帝国在 2019 年宣告破产，400 亿美元的资本一夜蒸发。

亚当·诺依曼的商业传奇，如同一颗耀眼的流星，短暂而灿烂。他缔造了一个奇迹，但一次次的任性妄为，最终将他拉下神坛。若是他能学会多思多想，在每一次冲动行事之前，都能够冷静思考一下，也不至于因没有节制的欲望而走向灭亡，犹如飞蛾扑火，灰飞烟灭。

古人有云："君子以俭德辟难，不可荣以禄。"这就是在告诫我们，要懂得控制自己的欲望，以节俭的美德去控制膨胀的贪欲，这样才能避开危难。要学会管理欲望、遏制贪婪，这些都将成为促使你不断前进的动力。成功并非永恒，而贪婪与自私往往是毁灭的开始。

知人者智，想得越多，错得越少

知人者智，自知者明。在这个信息爆炸、人心难测的时代，能够准确地识别和理解他人，无疑是一种难得的智慧。而这种智慧，往往来源于深入的思考和对人性的深刻理解。

因此，在做任何事情之前，我们都应当进行充分思考和预判。只有设想过各种可能的情况和结果，在制订计划时，才能更加周全，尽可能地减少错误的发生。这不仅是古人的智慧结晶，更是现代人在复杂社会环境中应该秉持的处世原则。

范蠡，这位历史上的智者，具有独到的眼光和冷静的头脑，每一次在面临人生的重大抉择时，都因多思多想做出正确的决定，避开了一次又一次危机。

当初，越王勾践被吴王夫差围困会稽山，范蠡与文种等人为其出谋划策，让勾践“卧薪尝胆”，最终成功翻盘。但功成名就后，范蠡却选择辞官隐退。这是因为，他对勾践“可与共患难，不可与共乐”的性格了如指掌，深知“飞鸟尽，良弓藏”的道理。所以，当勾践以共享国家为诱饵，实则暗藏杀机时，范蠡早已洞察一切，趁着夜色溜之大吉。

范蠡的逃离并非盲目，而是深思熟虑后的决策。他了解勾践的秉性，知道留下必然是死路一条。正是这种对人性深刻的洞察力和对形势的敏锐判断，让他逃过一劫。

逃离越国后，范蠡在齐国经商致富，很快就积累起惊人的财富。由于能力超群，齐人便想推举他做丞相。范蠡深知权力斗争的险恶，不愿重蹈覆辙，于是悄悄离开齐国，转而定居于定陶，继续他的经商之路。

范蠡的“知人”本领不仅体现在对君王的认知上，更体现在对家人的了解中。他有三个儿子，当二儿子在楚国犯法面临生死关头时，他原本想让小儿子去营救，因为他深知小儿子适合处理这类事情。然而，在大儿子的坚持和夫人的压力下，他被迫改变主意。结果，大儿子因为吝啬钱财，不仅未能救出二儿子，反而断送了自己的性命。

很显然，早在事情没有发生之前，范蠡就已经预见了这个悲剧。只可惜，他终究拗不过家人的意愿。但即使如此，我们也能从中看到他对人性的精准把握和对世事的敏锐洞察。

范蠡的一生充满传奇色彩。他的智慧不仅体现在对时局的把握上，更在于懂得如何用头脑思考并做出正确的决策。他深知人性的复杂与多变，因此总能提前预见并规避风险。想得越多，错得越少，多用头脑思考，才能远离错误，做出更有利于自己的选择。

人的智谋段位，很大程度上决定了他知人的能力。高段位的智谋者，能够在纷繁复杂的信息中抽丝剥茧，洞悉事物的本质。他们不仅善于观察和分析，更懂得如何运用所获得的信息指导自己的行动。这样的人，无论是在职场竞争中，还是在日常生活中，都能够游刃有余地处理各种复杂情况。

在人际交往过程中，“知人”是一个很重要的环节。只有真正了解别人，我们才能更好地应对他们的行为，才能规避错误，做出正确的决策。

思维转一转，巧妙利用信息差

信息是看不见、摸不着的，但却拥有惊人的价值。掌握别人不知道的信息，就意味着掌握了先机和宝贵的资源。在这个信息爆炸的时代，我们每个人都被海量的信息包围，更快速、更高效地从中甄别出有用的信息，是我们能够保持优势的关键。

要知道，信息并不是均匀分布的，这就造成了信息差。学会充分调动自己的思维与智慧，将信息差充分利用起来，往往就是成功的关键。

在人生的舞台上，思维的一个微小转弯，往往能开辟出一片新天地。

故事的主角是一个想要成为演讲家的年轻人。在 20 世纪 70 年代的美国，他历经七年磨砺，小有成就，培训班办得风生水起。

随着业务的蓬勃发展，小场所已无法满足培训班的需求。于是，年轻人把目光投向一间昔日辉煌的酒店，想要租赁酒店里的一处会议室。

年轻人本以为这间酒店已经“过气”，想要谈下这笔生意不会太难，可没想到，却遭到酒店老板的回绝。对方冷淡地说道：“即使我的酒店已经没落，也不会随便接纳无名之辈在这里开培训班！”

年轻人碰了一鼻子灰，正当他愁眉不展时，在公园长椅上遇到了一个同样愁眉苦脸的人。这人是一位知名钢琴家的助手，正为找不到合适的演奏厅而焦头烂额。年轻人脑筋一转，突然想到自己心仪的酒店楼上就有一间演奏厅。

他没有直接告诉助手这个信息，而是巧妙地询问：“如果我能帮你找到演奏厅，有什么好处吗？”

助手一听，非常高兴，立马承诺，如果这件事办成，会支付给年轻人 700 元的报酬。

于是，年轻人再次找到酒店老板，抛出一个诱人的提议：“如果我能把知名钢琴演奏家请到你的酒店演出，你愿意付出什么代价？”

老板一听，顿时喜笑颜开，立即与年轻人达成协议：只要能请来演奏家，会议室就免费借他使用半年。

就这样，一场原本看似无望的交易，在年轻人的思维转弯下，变成了三方共赢的局面。演奏家找到了演奏厅，酒店老板打响了酒店的知名度，而年轻人不仅得到一笔钱，还免费获得了心仪的会议室。

高段位的智谋者不仅善于收集和分析信息，更懂得如何将这些信息转化为自己的优势。他们可能会通过信息共享来巩固与他人的关系，或者通过掌握的独家信息制定独特的策略。在这个过程中，他们始终保持清醒的头脑和冷静的判断，深入挖掘信息背后的逻辑和规律。

在日常生活中，无论是职场竞争还是个人发展，巧妙利用信息差都能够为我们带来意想不到的成功。当我们面临困境或挑战时，不妨让思维转一转，从不同的角度审视问题，寻找那些被忽视的有效信息。也许，这些看似微不足道的信息差，将成为我们扭转乾坤的关键。

‖ 最让人难以防备的，是“温水煮青蛙”

把青蛙丢入沸水中，青蛙会立即跳起来，逃离危险；但如果把青蛙放入温水，它则会舒舒服服地享受。随着水温慢慢升高，放松警惕的青蛙即使感觉到发热、发烫，也不会贸然离开。等到它无力承受时，再想逃脱，却无能为力了。

在纷繁复杂的社会棋局中，高手过招往往不在于瞬间的胜负，而在于长久的布局与谋划。其中最让人难以防备的，正是“温水煮青蛙”的策略。它不仅是一种手段，更是一种对人性弱点的深刻洞察和利用。

汉文帝就是一位“温水煮青蛙”的高手。正是靠着这一手段，他一次次反制那些比自己“强大”的对手，成功巩固了帝位。

众所周知，汉文帝能够顺利承袭帝位，关键在于以周勃、陈平为首的军功阶层顺利诛灭吕氏。但与此同时，他们也牢牢把控住了军政大权。因此，在继位之初，汉文帝的力量是完全不足以与周勃等人抗衡的。

在这样的情况下，汉文帝决定采取安抚策略。他礼遇军功大臣，甚至将公主下嫁周勃之子。这种温和的做法让军功阶层逐渐放松警惕。就如温水中的青蛙，初时感觉舒适，却不知自己已经踏入危险的境地。

待皇权稍稍稳固后，汉文帝开始分裂军功阶层。他故意在朝堂上询问周勃一些具体的政务问题，周勃答不上来，陈平则对答如流，于是汉文帝便对陈平大加赞赏。这使周勃羞愧难当，下不来台。一来二去，周勃与陈平之间便生了嫌隙。

后来，一直等到陈平等军功阶层首脑去世后，汉文帝才开始逐步收拾残局。他先是以各种借口免去周勃的相职，又通过一系列手段削弱了军功阶层的势力。在这个过程中，汉文帝始终保持温和而坚定的态度，就像那慢慢加热的温水，让军功阶层这只“青蛙”在不知不觉中失去反抗的能力。

对付诸侯王时，汉文帝同样运用“温水煮青蛙”的策略。他通过分封宗室的手段，削弱了诸侯的力量，又故意纵容淮南王刘长，养大其野心，待其产生谋反意图后，再将其势力一举歼灭。

人们往往对温和的策略缺乏防备，容易在舒适中迷失自我。汉文帝正是利用这一点，一步步将对手引入陷阱，最终达到巩固帝位的目的。

遇到猛烈的攻击时，人们通常会下意识地绷紧神经，在报以猛烈还击的同时，保持警惕性与危机感。但如果遭遇温和的诱导，那么所有的警惕、危机、反抗意识都会大大减少，时间长了，甚至完全抛诸脑后。很显然，相比激烈的刺激，人们对于温和的策略更没有防备，也更容易接受。

之所以会出现这样的状况，是因为大多数人习惯于跟随自己的感受去行动，而不是基于理性的思考与判断。“温水煮青蛙”不仅是一种策略，更是一种对人性的考验。如果不想沦为别人的“青蛙”，在与人交往时，就要懂得用头脑去思考，用理性去决策。

多学多思，开阔眼界，才能跳出“棋局”

在这个世界上，有许多不可言喻的秘密。政治、经济、地缘局势，背后隐藏着的是重重博弈。如果只从表面看这些事情，就如同管中窥豹，难免会陷入误区。只有多学多思，开阔自己的眼界，才能看清事情的本来面貌。只有了解这些事情是如何盘根错节、环环相扣的，才能跳出“棋局”，成为“执棋人”。

东汉末年，孙策在临死前将江东之主的位置传给了孙权。但与此同时，他又对老臣张昭交代道：“若仲谋不任事者，君便自取之……”这句话给了张昭巨大的权力。要是孙权不努力，张昭就可以名正言顺地取而代之。

孙权羽翼渐丰后，常常因为政见不同而与张昭发生争执。赤壁之战爆发前，张昭是力主投降的。赤壁之战大获全胜后，孙权便决定借机拔除张昭的羽翼。在张昭的阵营中，有个非常关键的人物，那就是吕蒙。

吕蒙本是孙策麾下将领邓当的小舅子，因为邓当手下官员嘲笑他年纪小，他便将其杀死。后来有人帮他在孙策面前说情，孙策认为吕蒙是有本事的，就把他留在身边。邓当去世后，张昭推荐吕蒙接任了邓当的职位。因此，吕蒙非常感激张昭，与张昭走得很近。

孙权继任后，打算改革军制，将那些士兵较少的军队整合起来。吕蒙觉得军队合并后自己会很难出头，就赊了很多红色布匹，为士兵赶制衣服和绑腿。孙权检阅军队的时候，由于吕蒙的军队颜色鲜艳，就多看了一眼，于是发现这支队伍比其他队伍军容整肃，不仅没有合并吕蒙的军队，反而还多给了他一些士兵。

从那以后，吕蒙就经常参与战事，屡建奇功，成为孙权很重视的将领。因此，想要夺张昭的权，就得先收服吕蒙。

一天，孙权找到吕蒙，对他说：“你如今身居要职，要掌握重权，不学习可不行。”吕蒙推脱说：“我军务繁忙，哪里有读书、学习的时间呢？”

孙权有点不高兴：“你军务繁忙，能比我还忙吗？我经常读书，觉得自己从中获得了很多益处。”吕蒙推脱不得，只好开始读书。然而，他一开始读书就尝到了读书的甜头，于是日夜苦读，读的书甚至比一些大儒还多。

吕蒙通过读书，开阔了自己的眼界，开始能在“棋局”之外看“棋”了。在张昭与孙权之间，他的天平开始朝着孙权偏移，后来便一心一意地跟着孙权。

周瑜病死后，鲁肃继任东吴大都督，路过吕蒙的驻地时，按礼节应该去拜访一下。但鲁肃以儒将自居，轻视吕蒙这样的莽夫，就不打算去了。在左右的劝说下，他才勉强去拜访吕蒙。酒宴上，吕蒙问鲁肃：“您接受重任，与关羽这样的虎狼为邻，有什么办法应对吗?”鲁肃回答不出。吕蒙马上为鲁肃分析局势、利害，鲁肃大惊失色，才知道吕蒙的才能谋略已远胜从前。从那以后，两人便结为兄弟一般的好友。

吕蒙通过读书、学习，开阔了眼界，看清了局势，才能及时跳出“棋局”，站到正确的队伍中。可见，多学多思，是拓宽知识边界的必由之路。只有通过学习与思考，才能培养开放的心态和多元的视角，打破思维定式，看到更广阔的世界。只有目光比他人更长远，做事时才能看清利害，把握关键，在复杂多变的“棋局”中找到最佳落子点。

第六章 应变

进退有度，把握分寸人缘好

临局之际

见形阻能善应变

或战或否

意在通幽

掌控好情绪，别让迁怒毁了你的生活

情绪上头，最怕迁怒。

迁怒，是愚蠢的标签、弱者的象征。迁怒者，非蠢即弱。

愚蠢者的迁怒，是因为他找不到矛盾的关键，看不清问题的核心；弱者的迁怒，是因为他惧怕与强者的竞争，只能向更弱者挥拳。

公元219年，东吴大将吕蒙白衣渡江，偷袭荆州。关羽败走麦城，没能逃脱东吴的埋伏，被潘璋部将马忠擒获，随后被杀害。

张飞在阆中军营中得知关羽被东吴所害的消息后，整日痛哭流涕，泪湿衣襟。诸将以酒解劝，但他醉酒后怒气更盛，对待身边人稍有不满便是一顿鞭打，军中多有被鞭打致死的人。张飞每日都朝着南方咬牙切齿，对东吴充满了仇恨。

一日，朝廷使者匆匆赶到，张飞慌忙接入。使者宣读了朝廷的诏旨，张飞受爵后向北拜谢，并设酒款待使者。他急切地问道："吾兄被害，仇深似海。朝廷中的大臣们为何不早日奏请兴兵讨伐东吴？"

使者回答道："朝中有许多人建议先灭魏再伐吴。"

张飞闻言大怒："这是什么话！昔日我们三人在桃园结义，誓同生死。如今二哥不幸半途而逝，我怎能独享富贵！我要面见天子，请求作为前部先锋，挂孝伐吴，生擒逆贼，以祭告二哥，践行我们当初的誓言！"

言罢，张飞便与使者一同前往成都。在成都，刘备正在教场操练军马，准备亲征。公卿们纷纷来到丞相府中见孔明，担忧地说道："天子初临大位，亲统军伍，这并非社稷之福。丞相您执掌大权，为何不加以规谏？"

孔明叹息道："我多次苦谏，但天子就是不听。今日你们随我再去劝谏一次吧。"

于是，孔明带领百官来到教场奏请刘备："陛下初登宝座，若要北讨汉贼、伸张大义于天下，方可亲统六师；但若只是要伐吴，只需命一上将统军即可，何必劳烦圣驾？"

刘备听了孔明的劝谏，心中稍有动摇。就在这时，张飞赶到，刘备急忙召他入内。张飞跪在演武厅前，抱着刘备的脚痛哭流涕：“陛下今日为君，难道忘了桃园之誓？二哥的仇恨，如何不报？”

刘备叹息道：“多位大臣劝阻，我不敢轻举妄动。”

张飞急道：“他们怎会知道我们昔日的盟约？若陛下不去，我愿舍此躯为二哥报仇！若不能报仇，我宁死也不见陛下！”

刘备被张飞的决心所感动，毅然决定：“朕与你同往！你率领本部兵马从阆州出发，我统率精兵在江州会合，共同讨伐东吴，以雪此恨！”

张飞临行前，刘备郑重嘱咐道：“我素知你酒后暴怒、鞭打士兵的恶习。今后务必宽容待人，不可再像以前那样。”

张飞拜辞而去，回到阆中后立刻下令全军准备白旗白甲、挂孝出征。然而部将范疆、张达却表示时间紧迫，无法按时完成准备工作。张飞闻言大怒：“我急于报仇，恨不得明日就踏平东吴！你们怎敢违抗我的命令！”说罢便下令将二人鞭打五十。

回到营中后，范疆与张达商议对策。范疆叹息道：“今日受了刑罚，我们该如何是好？张飞性情暴躁如火，倘若明日准备不齐，我们都会被杀！”

张达眼中闪过一丝狠戾：“与其被他杀，不如我们先下手为强！”二人商议已定，便开始密谋行动。

当晚张飞在帐中饮酒大醉，卧于床上。范疆、张达趁机潜入帐中，以短刀刺入张飞腹中。张飞大叫一声而亡，时年五十五岁。军中得知此事后立刻派人追击，但已经来不及了。

张飞的死令人扼腕叹息，如果他能控制住自己的情绪，化愤怒为力量，战死在沙场上，也远胜过死于下属背叛这样的结局。造成这一悲剧的原因，正是他不能正确控制情绪，迁怒于人，把下属当作发泄对象。

范疆、张达的所作所为固然令人愤怒，但实际上也不过是为了求一条生路而已。因为被迁怒，终日忍受上官的刁难折磨，谁又能忍耐得下去呢？

对于习惯迁怒的人来讲，要明白两个道理：

第一，即便看起来毫无威胁的人，也不应该无端“招惹”，毕竟泥人还有三分土性。

第二，尤其不要迁怒身边人。生活中，身边人往往是我们最亲近的人，我们不应该伤害自己最亲的人。

所以，于情于理，我们都不应该迁怒别人。

无论何时，我们都应记住，行事当有度，尤其是在怒气上头的时候，一定要管理好自己的情绪，别让迁怒消耗你的人缘，毁了你的生活。

把握分寸，别被沉没成本所“绑架”

人们常常会因为前期投入大量的资源而不愿放弃某个项目或关系，即使后来情况发生变化，继续坚持也不再是最佳选择。投入越多，就越是被动，

越是无法放弃，继而不得不投入更多，致使自己更加被动。

在心理学上，这种现象被称为沉没成本谬误。它就像一个隐形的枷锁，束缚着我们的思维和行动，使我们难以做出客观的判断。

20世纪，有位企业家在商海中崭露头角。在事业风生水起之后，他踌躇满志，准备为自己的公司打造一座标志性的摩天大楼。他计划从18层不断拔高，直至剑指当时的中国第一高楼。然而，随着楼层数的不断攀升，投入的资金也越来越多。

大楼动工两年，他已经豪掷3亿元，但工程仍未完工。有人告诉他，要想建成这座梦想中的高楼，资金缺口依然巨大。这位企业家为了不使之前的巨额投资打水漂，毅然决定将公司的大部分收入投入大楼建设。结果，公司资金链断裂，运转失灵，原本计划中的资金投入也变得遥遥无期。最终，这座被寄予厚望的大楼沦为烂尾楼，企业也因此一蹶不振。

事后，企业家痛定思痛："其实，当时追加投资的时候，就已是力不从心。若及时止损，虽会损失，但不至于伤筋动骨。可一想到之前投入的资金，就总是不甘心放弃，以至于沦落到那样的下场。"

这不禁让人想起古老传说中的徐福寻仙之旅。徐福博学多才，精通医学、天文、航海，在沿海一带享有盛名。秦始皇一统六国后，追求长生不老，听闻徐福之名，便召其入宫。一次东巡后，秦始皇派徐福带领童男童女，乘大船出海，寻找长生不老药。

徐福或许并不相信世间有长生不老之药，但圣命难为，他只好带着秦始皇赏赐的财物，开始四处游历，去寻找所谓的仙山。几年后，秦始皇东巡再问徐福仙药下落，徐福哪敢说实话，便编了个借口：海上大鱼阻路，需射手退鱼；神仙索要礼物，需工匠献技。

秦始皇一听，虽然半信半疑，但想到之前的投入，岂能半途而废？于是，又增派人手、财物，让徐福再次出海。

结果徐福一去不复返。据说他跑到了日本，让秦始皇空等一场。这不也是另一个沉没成本的悲剧吗？

两位主角，一个是现代企业家，一个是古代帝王，虽然时空背景不同，但他们都陷入了同一个陷阱——为了保住前期的投入，不断追加成本，最终失了分寸，无法自拔。

生活中，我们常常会遇到这样的情况：买了一只表现不佳的股票，却因为前期已经投入一定资金而不愿“割肉”，抱着侥幸心理继续持有，甚至加仓，指望股价能够回升；明明已经意识到感情变质，却因为曾经投入大量的时间与感情而不舍得放手——这些其实都是沉没成本谬误在作祟。

真正拥有智慧的人能够洞悉事物的本质，不被过去的投入所左右，而是根据当前情况和未来预期做出决策。他们知道，过去的已经过去，重要的是如何把握好现在和未来。

更重要的是，无论何时，无论做任何事情，我们都应该懂得把握分寸，不要被沉没成本所“绑架”，这是我们成长和进步的关键。只有放下过去的包袱，我们才能轻装上阵，抓住机遇，迎接新的挑战。

距离适度，方能打造权威感

权威感是一种无形的力量，这种力量并非人们天生就拥有的，也不是权力赋予的必然结果，而是需要用智慧与谋略去精心构建的。在这个过程中，与他人保持适度的距离，是塑造权威感的关键。

高高在上、具有权威感的角色会使人崇拜、追随、敬畏。那么，这种崇拜通常是什么时候破灭的呢？就是在你接近他、开始了解他之后。

有这样一个寓言故事：

在一个小山村里，有个穷苦的樵夫，靠进山砍柴糊口。进山砍柴可不是容易的事，因为山里有一群凶恶的猴子，看见人就会发动袭击。很多人误入山中，被猴子打得鼻青脸肿。樵夫终日提心吊胆，生怕遇上猴子。

一天，樵夫趁早砍了柴，打算回村把柴卖掉，突然听见远处有很大的骚动声。他知道自己一定是遇上猴子了，想要逃跑却发现两腿仿佛变成石头，根本动不了，只好怔怔地站在原地，等着悲惨命运的到来。

猴子嬉戏打闹，结伴而行，走在前面的猴子突然停下脚步。其他猴子顺着它的目光看去，发现不远处站着一个奇怪的人。这人如同石雕一动不动，紧闭双眼，面无表情。一只特别调皮的猴子捡起一块石头要朝那人扔过去，猴子中的长老拦住它，对其他猴子说："我听说这山中有地藏菩萨，眼前这人面目庄严，见到我们也毫不惊慌，即便不是地藏菩萨，也是个了不起的人物。我们不如好好对待他，不求得到保佑，至少不能惹祸上身。"

猴子们听了长老的话，纷纷朝樵夫跪拜。一些身强力壮的猴子还拿了不少物品放在樵夫跟前，不仅有樵夫从没见过的美食、美酒，还有一大箱金子。等到猴子们走远了，樵夫才一屁股坐在地上，大口地喘气。等到休息好了，樵夫就把猴子给他的物品带回了家，一改过去的贫困，成为村子里的富户。

村子里的一个富人见樵夫一夜暴富，非常嫉妒，就找了个机会跟樵夫一起喝酒。他把樵夫灌醉，随后就开始打听樵夫的钱是从哪里来的。樵夫喝得神志不清，一五一十地把自己那天的经历告诉了富人。

富人听后大为震惊，人人都说猴子危险，自己还真的相信了，如今才知道，猴子不仅不危险，还特别有钱。樵夫一动不动都能得到这么多金子，自己要是摆上宴席请猴子们好好吃一顿，得到的好处肯定比樵夫还多。

第二天，富人准备好美酒佳肴，去山里找樵夫遇见猴子的地方。到了以后，富人摊开桌布，在上面放满为猴子准备的东西。没一会儿，那群猴子就到了。富人听见猴子的声音，赶紧站起来招呼猴子来享受美酒佳肴。没想到，走在前面的猴子大喊：“快看，那里有个人！”接着，猴子们就一拥而上，又是抓，又是咬，狠狠地教训了富人一顿。

富人遍体鳞伤地回到村子，从那以后逢人便说山林里很危险，有会伤人的猴子。至于樵夫的经历，也被他当成樵夫为了保守秘密胡编的故事。

人们对于自己不了解的东西天然存在敬畏之心。无论是工作中还是生活中，保持一定的神秘感和距离感，权威感自然就有了。别人看不透你，才会更加尊重你、敬畏你。这里所说的“距离”，指的不一定是具体的距离，也可以是看不见的距离，还可以是“与众不同”的距离。

话不说尽，才更让人牵肠挂肚

与人说话，应该学会留有余地，不必把话说尽。话不说尽，或点到为止，或给予暗示，让对方去思考、领悟，才能进退自如。

古人云：“知人不必言尽，言尽则无友。”说话、做事都要掌握尺度和分寸，失了分寸，说出的话不仅会伤害别人，也会让自己陷入困境。

北宋时期，寇準出身名门望族，祖父、父亲都在朝为官，父亲还因屡建功勋，被封为国公。寇準从小就天资聪明，又勤奋好学，十四岁时已经写下不少诗篇，十五岁就能精习《春秋》。

十九岁时，寇準考中进士。当时，宋太宗到殿前亲自提问选取进士，年龄小的往往不予录用。有人让寇準把年龄报大一些，以便被选中。寇準坚决不肯，说道："我刚准备踏上仕途，怎么可以欺骗陛下呢？"随后，寇準的才学被宋太宗看中，被授大理评事，正式踏入仕途。

至道元年（公元995年），寇準从青州回朝，而此时宋太宗正为立储之事烦恼，便召见了他，想与他商议。寇準知晓宋太宗召见自己的目的，但是并没有直接回答宋太宗的问题，而是采取委婉、暗示的策略。他说道："为天下选择国君，不能与后妃、中官（宦官）商量，也不能与近臣谋划，应选择众望所归的皇子作为储君，如此才能有利于天下、百姓。"

宋太宗想了许久，屏退左右，然后又问道："襄王如何？"

寇準认为襄王是合适的储君人员，听宋太宗这样说内心暗喜，但是他没有直接表示赞同，继续说："知子莫若父。陛下既然认为襄王合适，那就请决定吧！"第二天，宋太宗便宣布襄王赵恒为开封尹，改封寿王，后立为皇太子。

后来，宋太宗更加信任和倚重寇準。有人进献了通天犀这一宝物，宋太宗让人把它做成两条犀带，一条自用，另一条赐给了寇準。之后，宋太宗驾崩，赵恒继位。几年后，寇準被封为宰相。

名臣张咏听说寇準当上了宰相，不免心有惋惜，因为他觉得寇準虽是个不可多得的人才，但学问有所欠缺。一次，寇準因事前往陕西，刚刚卸任的张咏从成都路过寇準所在之处。寇準很敬重张咏，便盛情招待了张咏。

张咏深感动容，离开时，寇準问他："您有什么交代我的事情吗？"

张咏思索片刻后，说："《霍光传》不可不读。"

寇準思考许久，也不明白张咏的言外之意。回家后，寇準马上找来《霍光传》，认真地阅读起来。当他读到"光不学无术"时恍然大悟，这才明白张咏是说自己没学问，想劝自己多读书。寇準领悟了张咏的深意，开始多读书，增长学问。

寇準和张咏都深知"话不能尽言"的智慧，他们在表达内心想法时都采取了委婉、暗示的方式。寇準在立储问题上保持分寸，避免直言不讳，以防引来灾祸。张咏在指出寇準学问不足时，也巧妙地通过《霍光传》进行暗示，让寇準自己领悟。这种智慧使得他们之间的关系更加和谐，寇準也因此对张咏更加敬重。

说出去的话，就像泼出去的水，是收不回的。不懂得分寸，直言不讳，即使是为对方着想，恐怕也会把事情弄砸，无法达到自己的目的。

说服不是吵架，把握分寸很重要

每个人都有自己的思考和认知。通常来说，当自我认知与他人主张不一致或相冲突的时候，人们总会不自觉地排斥他人的意见。别人越是说得激烈，这种排斥心理就越强烈，越不愿意赞同和认可他人。

因此，当你想要说服一个人接受你的观点时，如果企图通过把对方驳得哑口无言来实现这一目标，让对方认可和赞同你，那么几乎是无法成功的。毕竟说服不是吵架，把握分寸至关重要。你需要做的，是让对方口服、心也服，如此方为上策。

秦昭王时期，有一个叫中期的大臣，为人刚正不阿，性格耿直，时常因为政事与秦昭王争论。一天，秦昭王与大臣在朝堂上商议军国大事，中期认为秦昭王的某些论点不正确，便开始滔滔不绝地与其争论起来。中期能言善辩，说得秦昭王理屈词穷，一时不知道该如何反驳。

在朝堂上，君王竟然被大臣驳得节节败退、哑口无言，秦昭王顿时觉得颜面扫地，于是勃然大怒并训斥了中期，说他以下犯上、目无君王。谁知，中期竟丝毫不给秦昭王留面子，头也不回地走了，留下秦昭王在朝堂上暴跳如雷。

不论在任何朝代，中期的这一行为都是一项大罪，更别说是素来以严苛刑法闻名的秦国了。盛怒之下的秦昭王当即下令将中期斩首示众。

这时，一位大臣站了出来，坦然地说："大王，请您息怒。中期这个人就是直性子，说话太冲、太直，不顾及别人的感受。还好，他遇到的是您这样仁慈的大王，如果遇到夏桀、商纣这样的帝王，早就人头不保了！"

听了这话，秦昭王的脸色稍有好转。等怒气减退之后，秦昭王对大臣们说："是啊！中期性格耿直，说话喜欢直来直去，念在他一片忠心，我就饶恕他了！"

中期虽然能言善辩，但在说服他人时却忘记了分寸。他虽然在口头上取得了胜利，但却因此触怒国君，使自己陷入险境。从结果上看，他是非常失败的，不但没有达成目标，还甚至差点把自己的性命搭进去。

那位为中期求情的大臣显然情商比中期高很多，他深知说话的分寸，用一种委婉而巧妙的方式为中期求情，既留住了中期的性命，又保全了秦昭王的面子。

正所谓“话到嘴边留三分”，在人际交往中，说话的分寸至关重要。我们要学会用委婉而巧妙的方式表达自己的观点，既不失原则，又能赢得他人的尊重。只有这样，我们才能在复杂的人际交往中游刃有余，立于不败之地。

人们总以为，想要说服他人，必须有绝好的口才，有条理、有逻辑地表达自己的观点。然而，很多时候，即便我们做到这一点，恐怕也很难说服他人。当你滔滔不绝，一心想要赢得口头上的胜利，或者过于直言不讳，完全不顾及对方的认知、立场及情绪的时候，你的说服注定只会失败。

说服的本质在于通过合理的言辞和逻辑，使对方自愿接受自己的观点或建议。吵架往往是一种情绪的宣泄，双方各执己见，互不相让，最终导致关系破裂。因此，在说服过程中，我们必须把握好分寸，即使有理，也要留有余地，避免陷入吵架的旋涡。

第七章 虚实

扬长避短，将优势充分发挥

临局之际
造型则悟

找准关键点，努力自然事半功倍

我们时常遇到各种挑战与问题，解决问题的关键在于找准核心，即关键点。只有精准定位问题要害，我们才能充分发挥优势，使付出的努力达到事半功倍的效果。那些高段位、有智谋的人，能够在复杂的现象中洞察本质。

他们不盲目努力，而是先分析再行动。这样的人，在处理问题时，总是能四两拨千斤，以最小的代价赢得最大的成果。

晋朝大书法家王羲之喜欢鹅。一次，他在一个老太太家看到一只鹅，非常喜欢。回到家之后，王羲之越想越喜欢，便带着自己的名士朋友再次来到老太太家，去看那只鹅。

老太太听说有一帮名人要来自己家，非常高兴，竟然提前把那只鹅给杀掉了，做了一道铁锅炖大鹅招待王羲之。

王羲之非常遗憾。

后来，王羲之又听说一个道士养了许多鹅，于是便去道观看鹅。

来到道观，王羲之见道士养的鹅果然不一般，个个雪白漂亮，内心更是喜欢。他怕道士将来把这些鹅也给炖了，便对道士说："我想买你的鹅，你开个价吧。"

道士说："我的鹅不是用来卖钱的。"

王羲之说："那你说怎么才能把鹅给我？"

道士说："这样吧，您帮我抄写一份《道德经》，我就把这里所有的鹅送给您！"

王羲之求鹅心切，答应了道士的要求，为他抄写了一份《道德经》，然后带走了所有的鹅。

事实上，王羲之"上当"了。道士之所以养那么多鹅，就是为了引王羲之上钩。很久以前，道士就知道王羲之是当世著名书法家，想要请王羲之给自己写一份《道德经》，但拿到王羲之的墨宝没那么容易，甚至接近王羲之都很难。

王羲之出身琅邪王氏，东晋第一个皇帝司马睿能够顺利登基，全靠琅邪王氏的支持。因此，东晋朝廷对琅邪王氏格外优待，王氏子孙全都被委以重任。经过几代人，王氏已经成为除皇室之外首屈一指的大贵族，一般人想要接近他们谈何容易。另外，王氏不缺地位，也不缺钱，想要花钱或者用其他一般人认为的“好处”打动王羲之，让他给自己写字，基本是不可能的。

后来，道士得知王羲之酷爱鹅，觉得这是一个很好的突破口，便专门养了一群鹅，为的就是吸引王羲之。他果然成功了！

话说王羲之绝顶聪明，他能看不出道士的“小阴谋”吗？但即便知道对方是在“钓”自己，他那么喜欢鹅，也愿意“上钩”，所以道士才能用一群鹅换来别人千金难买的宝贝。可见，找准关键点，努力自然就能事半功倍。

在现实生活中，我们也应学会这种智慧。面对工作和学习中的难题，我们不应盲目蛮干，而应首先分析问题的关键所在。只有找准问题症结，我们的努力才会更有针对性，才能充分发挥优势，更加高效地达成目标。

找准关键点的能力并非一蹴而就，需要我们在实践中不断摸索和总结，这种能力往往决定了一个人解决问题时的效率和成果。因此，我们应该不断提升自己的分析能力和洞察力，以便面对问题时能够迅速找到关键点，事半功倍地解决问题。

藏好弱点，别给他人击败你的机会

人生如棋，每个人都是一名棋手，与对手进行着一场场无声的较量。在这场较量中，我们不仅要学会进攻，更要懂得防守。防守的核心，就是隐藏弱点，不让它们成为敌人攻击的突破口。

公元前389年，魏秦关系骤然紧张，秦惠公一鼓作气，派出五十万大军直逼魏国阴晋城。这不仅仅是一场战役，更是两国国运的较量。

阴晋城是魏国的心脏地带，一旦失守，魏国的军事实力将大打折扣。在这个紧要关头，魏王派出一员大将——吴起，他威名远播，被誉为“军神”。但这次他面临的挑战非同小可：手下兵力不过三五万，与秦军相比，显得捉襟见肘。

然而，吴起就是吴起，尽管兵力远不及秦军，他仍旧率领魏军以少胜多，大败秦军，打出了精彩的一仗。魏国上下一片欢腾，吴起的声望也达到了前所未有的高度。

但在这风光无限的背后，却有一双眼睛正紧紧盯着他，那就是魏国的国相公叔痤。公叔痤与吴起本是旗鼓相当的对手，但这场胜利却让公叔痤感受到前所未有的威胁。

公叔痤手下有个门人，此人颇有些小聪明，他看出主人的忧虑，便献上一计。于是，一场针对吴起的阴谋悄然展开。

公叔痤先是在魏王面前夸赞吴起的才华，然后话锋一转，担忧地说道：“吴起如此人才，将来恐怕不会满足于魏国这一方天地。”魏王听后果然心生忧虑。公叔痤便趁机提出：“主公不妨将公主下嫁吴起，以此试探他的忠心。”

魏王欣然同意，当即就找机会向吴起暗示了这一想法。

接着，公叔痤又在家里布下一个局。他特意邀请吴起到家中做客，并事先嘱咐妻子——也是魏王的女儿——在吴起面前故意羞辱他。吴起看在眼里，心中五味杂陈。他暗自思忖：“若是娶了公主，岂不是要日日受这等窝囊气？”

于是，当魏王明确提起联姻之事时，吴起毫不犹豫地拒绝了。这一拒绝，正中公叔痤下怀。魏王也因此对吴起心生芥蒂，认为他果然有异心。吴起就这样在不知不觉中落入公叔痤的圈套。

回顾这场较量，我们不禁为吴起的遭遇感到惋惜，一代名将却在政治斗争中败下阵来。公叔痤之所以能够扳倒能力和功劳都明显超过他的吴起，靠的就是抓住了吴起最大的弱点——性格太“刚”。他算准吴起不会委屈自己娶公主，因此给吴起设计了一个他一定会掉进去的陷阱。

无论何时何地，我们都要隐藏自己的弱点，因为在这个复杂多变的世界，你永远不知道谁会成为你的敌人，谁又会利用你的弱点来对付你。所以，保护自己，从隐藏弱点开始。

越是自负的人，对自己就越缺乏正确的认知，他们从不认为自己的弱点是弱点。例如，那些武断的人，总会认为自己敢于决断；那些口无遮拦的人，总会觉得自己耿直豪迈。因为他们不觉得自己的弱点是弱点，所以往往疏于防范，反倒给别人利用这些弱点击败自己的机会。

隐藏弱点，并不是一种逃避，而是一种智慧。只有隐藏自己的弱点，才能让对手难以捉摸，无法找到有效的攻击点。只有这样，我们才能在竞争中占据主动权，立于不败之地。所谓扬长避短，正是如此。

避其锋芒，切勿以己之短攻人所长

在竞争中，我们时常会遇到实力强大的对手，他们或许在某个领域有着深厚的积累和过人的天赋。如果我们盲目地以己之短去攻击他们的长处，无异于以卵击石，结果往往以惨淡收场。面对这样的情况，真正的智者会选择避其锋芒，静待机会，或寻找对手的弱点，或在自己的优势领域发力，扬长避短，以期在竞争中占据有利地位。

刘恒的母亲薄姬是刘邦的俘虏，一生只被宠幸过一次，生了刘恒。为了生存，母子二人在宫中小心谨慎，从不与人争。正因为如此，他们在宫斗中没有被波及。

后来，刘恒被不喜欢他的父亲分到了边远的代国为王。

刘邦死后，吕后掌权。为了能让吕氏上位，吕后开始一个个消灭刘邦的儿子和孙子。这个时候，因为远在边疆，刘恒幸运地躲过一劫。等到眼前的儿孙处理得差不多了，吕后才想起还有一个刘恒。

吕后开始假意试探，想要封刘恒为赵王。要知道，赵国比代国要繁华得多，也强大得多。然而，刘恒却婉言谢绝了吕后，表示愿意守边。因为他平时一直默默无闻，也没有出彩的表现，所以吕后给他贴了一个“平庸”的标签，便放过了他。

吕后死后，大臣们联手铲除诸吕。这个时候，刘氏子孙被吕后杀的杀、废的废，谁做皇帝呢？大臣们一商量，一致推举刘恒做皇帝。主要原因有三个：一是因为刘邦的儿子只剩下刘恒和刘长了，刘恒是哥哥，自然比弟弟更适合；二是因为刘恒贤圣仁孝，不争不抢，品德很好；三是刘恒的母亲薄姬也不喜欢争抢，娘家人也不强势，不会重蹈吕后的覆辙。

就这样，因为不争，刘恒躲过杀身之祸；也因为不争，他得到天下，成为汉文帝。

事实上，但凡对汉朝历史了解一二的人都知道，汉文帝从来不是一个平庸的人。他之所以处处表现出“不争”，不是因为窝囊，也不是因为真的不想要，而是因为他清楚地知道，自己的对手有多么强大，自己所拥有的资本有多么匮乏。不争，是为了避其锋芒，不以己之短去与对手所长较量。这是保全自身的智慧，是伺机而待的策略。

三国时期的曹丕同样是这样一位懂得低调隐忍、扬长避短的“大赢家”。

作为曹操的长子，曹丕其实算得上一个颇具政治头脑的人物，处理政务的能力也极强，但他有个弟弟曹植，才华横溢，出口成章，更得父亲曹操喜爱。在很长一段时间里，曹操甚至萌生过换继承人的念头，想让曹植接掌大印。

曹丕得到消息后，十分恐慌，忙向贴身大臣贾诩请教。贾诩说：“愿将军恢崇德度，躬素士之业，朝夕孜孜，不违子道，如此而已。”什么意思呢？他要曹丕不要计较，像个寒士一样做事，兢兢业业，不要违背做儿子的礼数，这样就可以了。

曹丕理解了贾诩的话，认认真真做事，在自己的优势方面下足功夫。在诗词歌赋上，他则坦然承认不如曹植，不争不抢，不眼红。

曹操死后，曹丕在陈矫和华歆等人的帮助下，顺利继位。

每个人都有自己的长处和短处，明智的人会认识到这一点，并努力发挥自己的长处，同时避免暴露自己的短处。如果我们不顾一切地用自己的短处去挑战别人的长处，那么失败几乎是注定的。因此，我们需要有自知之明，只有了解自己的优势和劣势，才能在竞争中做出正确的决策。

善用权威，增加自己的气势

正所谓：“人微言轻，人贵言重。”绝大多数人有慕强心理，更愿意相信比自己优秀的人所说的话，或者更倾向于相信、效仿那些先哲、名人以及权

威者的思想、行为与判断。尤其是对于那些不确定、未知的事情，更是如此。利用这一点，在有需要的时候，我们可以借用一些权威，来增加自己的气势与说服力。

汉文帝时期，匈奴时常侵扰边塞，百姓苦不堪言。云中郡虽相对平静，但也时常被匈奴人抢夺。

大将魏尚被任命为云中太守，镇守边塞。他效仿名将李牧的治军之法，不但把军市租税收入用来犒赏士兵，还拿出自己的俸禄犒赏宾客、军吏、舍人等。这样一来，云中守军士气如虹，战斗力大增，每次与匈奴人交战都异常英勇。

一次，匈奴的一支铁骑冒险突袭云中，想快速抢夺之后迅速撤离。魏尚得到消息后，立即率领士兵前去截击，大败匈奴，斩杀敌人甚多。与往常一样，魏尚向朝廷回报战绩，并为士卒们请功，却因为疏忽大意多报了六个首级。

汉文帝知晓后非常愤怒，认为魏尚冒功，撤销了他的职务，并让官吏依法治罪。大臣们都觉得魏尚有些冤枉，但又畏惧盛怒的汉文帝，不敢劝谏，担心连累自己。

这个时候，担任郎中署长的冯唐站了出来，借助廉颇、李牧的故事说服汉文帝，顺利解救了魏尚。

这一天，汉文帝与冯唐议论朝政，突然问道：“你是哪里人？”

冯唐回答说：“我是赵人。”

汉文帝来了兴致，说：“我听说赵国的将领李齐非常厉害，巨鹿大战时，威震敌胆。”

冯唐回答说：“李齐的确很厉害，但是不如廉颇、李牧。”

汉文帝深以为然，感叹道："可惜，我没有得到廉颇、李牧那样的将才，不然还用担心匈奴人吗？"

没想到，冯唐却说："即便陛下得到廉颇、李牧那样的将才，也不会任用他们。"

汉文帝有些生气，质问道："难道我不是明君吗？"

冯唐叹息道："古时候的帝王派遣将领出兵，总是说'将在外，君命有所不受'。军功如何、赏赐多少，本来应由大将在外决定，再由他们班师回朝之后汇报给朝廷君王。过去，李牧在赵国做将军，在边境作战，军中之事完全由自己做主，从来不会受到赵王干涉。而且，他管辖境内的租税都自己享用，赵王也不责怪。因此，李牧才能充分发挥才智，驱逐单于，击破东胡，使赵国几乎成为霸主。

后来，赵王迁继位，诛杀李牧，赵国才惨遭灭亡。”

冯唐停顿了一下，见汉文帝有所动容，接着说：“现在，魏尚做云中太守，其所在地的租税收入全部用来供养士卒，所以将士士气高昂、作战勇猛，匈奴也惧怕他。然而，陛下却因为六个首级的误差，将他下狱治罪，削掉了他的官爵。因此，我才敢说，陛下即便得到廉颇、李牧那样的将才，也不能好好地任用。”

听了这些话，汉文帝感触良深，不仅赦免了魏尚，还立即恢复了他云中太守的职位。

我们平时说服他人时引用名人名言、借用名人典故，都属于借助“权威”。这之所以有效，是因为人们普遍存在慕强心理，认为一个厉害的、有名的人，他的意见和想法通常是正确的，安全系数大。

方向对了，优势才能发挥

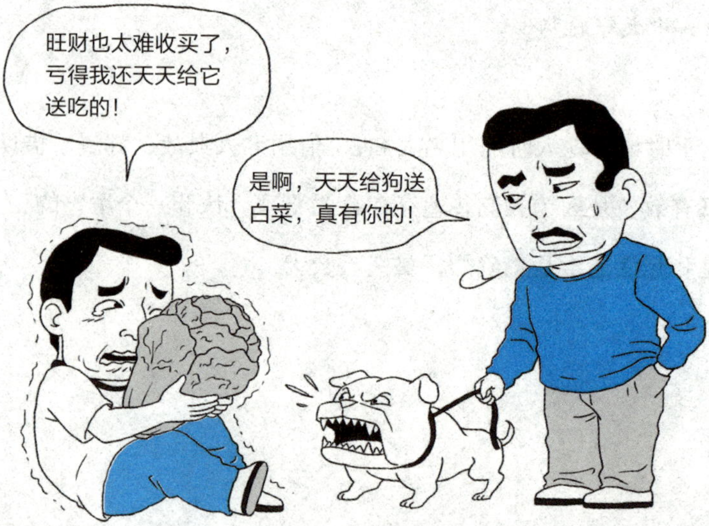

在人生的道路上，方向是至关重要的。一个人无论拥有多么卓越的天赋和优势，如果方向选择错误，这些优势都难以得到充分的发挥，甚至可能变成劣势。因此，无论做任何事情，我们首先需要明确的是所选择的方向是否正确。只有方向对了，我们才能真正发挥自己的才能与优势。

一个高智谋段位的人，不仅能够准确识别自己的优势，还能敏锐地洞察社会的需求和趋势，从而为自己的人生规划出合适的道路。他们能够在纷繁复杂的世界中保持清醒的头脑，做出明智的决策，最终将自己的优势转化为实际成果和影响力。

商鞅，公孙氏，本是卫国人，年轻时喜欢研究刑名法术之学，后来做了魏国国相公叔痤的侍从。公叔痤本想将商鞅推荐给魏惠王，但没有成功。

后来，公叔痤因病去世，商鞅听说秦孝公寻访有才能的人，要重振秦国霸业，便来到秦国，在宠臣景监的帮助下见到秦孝公。虽然秦孝公会见了商鞅，但是对他无为之道的主张丝毫不感兴趣，甚至听得打起了瞌睡。

事后，秦孝公迁怒景监，大声训斥道："你的客人大言不惭，我怎么能重用这样的人？！"

景监回去后非常生气，用秦孝公的话责备商鞅。商鞅则说："我用尧、舜治国的方法劝说大王，他不能领会。"

过了几天，景监又请求秦孝公召见商鞅，秦孝公又答应了。这一次，商鞅讲的是仁义之道，秦孝公仍不感兴趣，事后又责备景监。景监同样也责备了商鞅，商鞅说："我用禹、汤、文、武的治国方法劝说大王，他也听不进去，那么，我就改变策略，请您再禀告大王，再召见我一次。"

于是，秦孝公又召见商鞅。这一次，商鞅讲的是成就霸业的治国之道，秦孝公明显友好很多，还夸奖他讲得不错。商鞅知晓了秦孝公的喜好，做好了投其所好的准备。

很快，秦孝公再一次召见商鞅，而商鞅继续谈论成就霸业之法，以法家思想为核心，劝说秦孝公对内严刑峻法，对外积极扩张；谈论如何让君王名扬天下，让秦国成为强大的国家。果然，秦孝公非常高兴，与商鞅谈得非常投机，畅聊几天都不知厌倦。

事后，秦孝公重用商鞅，在秦国推行一系列变法措施。一开始，变法遭到以甘龙、杜挚为代表的守旧派的反对，但因为商鞅摸透了秦孝公的心思，其主张与建议都深入秦孝公内心，所以守旧派的反对并未奏效。

在商鞅的新法之下，秦国果真强大起来，秦孝公也名扬天下。秦孝公直到去世，始终支持商鞅变法，为其提供多方面的支持与帮助，并给予他丰厚的赏赐与爵位。

商鞅与秦孝公的三场会面，既是对秦孝公的试探，也是对秦孝公的观察与揣摩。在三次谈话中，商鞅阐述了三种不同的政治主张。客观来说，这三种政治主张并没有明确的优劣之分，秦孝公之所以会有截然不同的态度，说到底，还是出于他个人的偏好以及内心的渴望——成就霸业。因此，商鞅能被秦孝公重用，关键在于他能够投其所好，把话说到秦孝公的心坎里。

可见，要想让才能与优势得到发挥，选择正确的方向至关重要。

通权达变，识时务者为俊杰

第八章 通达

入神者让半先
棋艺空灵
善于应变
可随手应之
不思而得

打破陈规，跳出惯性思维

惯性思维是人类心理的一种自然现象，它源于我们对熟悉事物的依赖和安全感的需求。在大多数时候，惯性思维是一条捷径，可以让我们轻易地排除那些已经被经验无数次否定的错误道路。但有些时候，惯性思维却会变成一座牢笼，把我们圈禁在所谓的“经验”中，无法打破陈规。

1799年，拿破仑担任法国第一执政官，成为法国的实际统治者。

刚刚上任的拿破仑，需要处理一件极其棘手的事——法国与奥地利的战争。

当时，奥地利和其他几个欧洲国家一起组成第二次反法同盟，该同盟要求法国恢复君主制。法国的革命政权自然不肯答应，于是双方大打出手。

在意大利地区，法国和奥地利展开战争（当时意大利被奥地利所统治），而法国军队在对手的强大攻势之下眼看就要支撑不住了。

为了扭转战局，拿破仑决定亲自率领一支军队，进军意大利。在法国和意大利之间，有两条山脉阻隔，一条是亚平宁山脉，一条是阿尔卑斯山脉。其中，阿尔卑斯山脉是欧洲的最高山脉，山脉呈弧形，长约1 200千米，宽130～260千米，平均海拔3 000米左右，总面积大约为20.7万平方千米。其中有82座山峰海拔超过4 000米，最高峰是勃朗峰，海拔4 808.73米。阿尔卑斯山脉道路崎岖难行，险峻之处仅容一人通过。

由于阿尔卑斯山脉太过险峻，所以在历史上，法国军队进入意大利多会选择穿越亚平宁山脉，从来没走过阿尔卑斯山脉。

对于奥地利的将军来说，“拿破仑会率领法国士兵从亚宁平山脉打过来”已经成为一种惯性思维。拿破仑敏锐地捕捉到对手的这一惯性思维，他决定用这一点来拿捏对手——你认为我绝不会走阿尔卑斯山脉，我偏偏就从那走。

不久，拿破仑亲自率领37 000人的军队，开始了人类史上非常著名的军事冒险行动。为了争取时间，出其不意，拿破仑率领军队抄近路越过圣伯纳隘道，进入意大利北部，成功翻越了阿尔卑斯山。

由于拿破仑的行动完全出乎奥地利军队的预想，所以他们的战争部署被完全打乱，拿破仑赢得了最终的胜利。

越是在关键的竞争中，惯性思维带来的负面作用往往越大。因为在激烈的竞争中，竞争对手往往会采用一些超常规的手段。如果此时还沉迷于以往的经验，一板一眼地去做事，一定无法招架不按套路出牌的对手。

反过来讲，如果能在竞争中找到对手的惯性思维，也就相当于找到了对手的一个弱点。在知晓了对手的惯性思维之后，可以轻松预判出他下一步会采取什么行动，这就相当于在下棋的时候提前猜出对手下一步会在哪儿落子，胜算自然也会变大！

想要打破陈规，跳出惯性思维，我们首先需要具备一种开放的心态，愿意接受新事物，勇于尝试不同的方法和策略。这种开放性的思维方式，能够让我们看到更多的可能性，从而在解决问题时更加灵活多变。

我们还需要培养批判性思考的能力。批判性思考意味着我们不仅要接收信息，还要对这些信息进行分析和评估。通过批判性思考，我们可以发现惯性思维中的盲点和局限，从而找到更加合理的解决方案。

更重要的是，我们需要认识到，经验不是永恒的真理，它过去或许是正确的，但是随着形势的变化，经验也会过时。只有敢于挑战传统，勇于探索未知，我们才能摆脱惯性思维的桎梏。

直来直去，不如让思维拐个弯

在数学中，两点之间，直线最短。但在解决问题时，直线思维有时却可能让我们陷入僵局。这种时候，不妨试着换个角度，让思维拐个弯，尝试一些非传统的解题方法，说不定就能柳暗花明，巧妙达成目的。

战国时，秦国日益强大，逐渐有了吞并天下的野心。如果想要阻挡秦国一统天下的脚步，其他诸侯国就必须联手对付秦国。但无奈的是，各诸侯国之间有许多“新仇旧恨”，彼此之间也经常爆发战争，又怎么可能组成联盟呢？

这个时候，苏秦横空出世，通过积极奔走，让原本一盘散沙的诸侯国暂时联合起来，一同抵抗秦国的扩张。

苏秦为什么能够让其他诸侯国抛弃旧怨，结成联盟呢？如果按照直线思维，想要促成联盟，势必要先化解各诸侯国之间的仇怨。仇怨化解了，大家才能联合到一起。但很显然，想要做到这一点是非常困难的，而且按照当时的形势，也没有那么多时间让苏秦去慢慢充当“和事佬”。

那么，苏秦是如何做的呢？他并没有试图化解各诸侯国之间的矛盾，而是为这些诸侯国树立了一个共同的“敌人”——秦国。

在苏秦游说各国的过程中，他首先用秦国的强大“吓唬”各国君主。苏秦说：“（秦国）西有巴、蜀、汉中之利，北有胡貉、代马之用，南有巫山、黔中之限，东有肴、函之固。田肥美，民殷富，战车万乘，奋击百万，沃野千里，蓄积饶多，地势形便，此所谓天府，天下之雄国也。”

最后，苏秦得出一个结论：秦国已经拥有“并诸侯，吞天下，称帝而治”的能力。言外之意就是，如果你们不能联合起来共同对付秦国，迟早有一天会被秦国吞并。苏秦是这么说的：“夫秦，虎狼之国也，有吞天下之心。”

如此一来，各国君主自然会把秦国当成最大的敌人。比如楚王就说："秦有举巴蜀、并汉中之心。秦，虎狼之国，不可亲也。"

在秦国的威压之下，各国以前的那些深仇大恨似乎也不重要了，一个由六个诸侯国联合起来对付秦国的联盟就形成了。所以，后来秦国进攻楚国时，"齐、魏各出锐师以佐之，韩绝其粮道，赵涉河漳，燕守常山之北"；秦国攻打韩、魏时，"楚绝其后，齐出锐师以佐之，赵涉河漳，燕守云中"。可以看到，只要秦国攻打六国中的一国，其他诸侯国就会加入反击秦国的队伍，导致秦国无法成功吞并六国。

面对问题，我们总是习惯于直线思考，试图找到直接、快速的解决方案。但生活往往不是一条坦途，有时候，让思维拐个弯，反而能够更巧妙地达成目的。

举个例子，一位发明家在设计一个能够自动搅拌的咖啡杯时，他没有直接思考如何在杯子里加装一个电动搅拌器，而是让思维拐了个弯——设计出一个利用热量驱动的搅拌器，只要倒入热水，就能自动搅拌。这就是创新思维的一种体现。

面对问题时，试着让思维拐个弯，也许你会发现，那些看似复杂的问题，其实都有一个简单而巧妙的解决方案，只是需要我们换一个角度来思考。

“退而求其次”的绝妙策略

有时候，想要达成目的，是需要一些策略与智慧的。比如当我们试图说服他人，或是希望对方接受某个条件时，策略的运用就显得尤为重要。其中，一种屡试不爽的策略便是：先提出一个更过分的要求。

鲁迅先生说过：“中国人的性情是总喜欢调和，折中的。譬如你说，这屋子太暗，须在这里开一个窗，大家一定不允许的。但如果你主张拆掉屋顶，他们就会来调和，愿意开窗了。”

这实际上就是一种策略，可以称之为“逼迫妥协的艺术”。

宋朝虽然经济非常发达，但是军事比较孱弱。这就导致周围许多少数民族政权将宋朝视为一块肥肉，动不动就用军事入侵相威胁，要求宋朝“花钱免灾”。尤其是宋朝北部的辽朝，更是经常用这一招威胁宋朝。

辽兴宗时期，再次试图发动对宋朝的进攻。这个消息传到宋朝，宋朝上下顿时紧张起来，皇帝如坐针毡。为了打消辽朝发动战争的想法，宋朝皇帝派富弼去辽朝谈判。

辽兴宗对于富弼是有一定了解的，他知道这个人很善于谈判，而且坚守原则，想要从他身上捞到好处，恐怕不太容易。为了对付富弼，辽兴宗决定来一次“狮子大开口”。

辽兴宗先是兴师问罪，说宋朝在边境上修筑军事设施，对辽朝的安全构成了威胁，且破坏了当年澶渊之盟的约定，因此才决定进攻宋朝。

富弼不卑不亢地说：“我们在边境上修筑工事，是在自己的疆界内设置防御设施，哪里威胁到辽朝了？这不是欲加之罪吗？”

辽兴宗无言以对，但还是蛮不讲理地说：“总之，是你们宋朝有错在先，我迫不得已才决定发兵！”说来说去，就是要用战争威胁宋朝，然后给自己谋好处。

富弼知道对方的意图，只好说：“那您说怎么办才能不打仗？”

辽兴宗等的就是这句话。他对富弼说：“你们宋朝要主动把一部分土地割让给我们！”

宋朝虽然不愿意打仗，但是割让土地这件事情是万万不能答应的，富弼据理力争，坚决拒绝。

辽兴宗看起来很好说话的样子，说道："既然不想割让土地，那你们宋朝就把公主嫁给我的儿子，算是和亲。"这个条件是对宋朝的一种侮辱。当时宋朝人虽然文弱，但是非常顾及尊严，而且富弼只是一个大臣，他怎么可以决定皇室的婚嫁呢？所以富弼坚决不同意。

辽兴宗似乎很失望，质问富弼："这也不行，那也不行，你们究竟想怎么办？"

富弼只好说："不如按照以往惯例，我们多给辽朝一些岁币，怎么样？"辽兴宗等的就是这句话，但他表面上却显得勉为其难。富弼生怕对方不同意自己的方案，赶紧说出一个让辽兴宗满意的数字。

辽兴宗终于答应了。

在这场谈判中，看起来是富弼占据主动——一次次化解了辽兴宗的无理要求，最后按照自己的方案解决了问题，但实际上，辽兴宗才是那个真正的胜利者。他先是“狮子大开口”，提出一堆对方不可能同意的条件，再诱导对方主动提出给钱的方案，制造出一种“退而求其次”的假象，其实，要钱才是辽兴宗真正的目的。

灵活应变，钓什么“鱼”，抛什么“饵”

生活中，我们常会遇到形形色色的人和事，就如同海洋中的各种鱼类，每一种鱼都有其独特的习性和喜好，如果我们用同一种饵去钓所有的鱼，结果往往是空手而归。因此，我们需要根据目标对象的特点，灵活地选择和调整我们的策略与方法。

高明的“钓鱼者”知道什么“鱼”喜欢吃什么“饵”，只要下对“诱饵”，“鱼儿”自然主动上钩。否则，抛下的“诱饵”再多、再美味，也无济于事。

有这样一个笑话：

一个人在集市卖梨子，有人前来询问梨子甜不甜，这人立即笑嘻嘻地说：“这梨子每一个都超级甜，不甜不要钱！”结果，那人想也没想，转身离开。

这人着急地说：“真的，我的梨子真的很甜，不信你尝一尝！”

只见那人说：“可是我想买酸梨！”

这个笑话说明一个道理：需求决定态度。不摸清他人需求，抛出再多“诱饵”也无济于事，因为你吸引不了对方，更别说满足其需求了。

想要实现目的，前提是明确需求，然后从需求入手。同样的事情，另一个人就更聪明些，不但事先了解、满足需求，还步步试探、循循善诱，挖掘并利用他人更深层次的需求。

第二个摊主见那人走过来，询问道：“大姐，您买水果啊？是要酸的还是甜的？”

那人说：“我想要酸一些的水果。我女儿刚刚怀孕，吃什么东西都没有胃口，就想吃点酸的。”

摊主笑着说：“您可真细心啊！我摊上有些酸爽的杏和梨子，很适合您女儿。不过，这酸的东西利口，可是吃多了也不好，容易伤胃。您还可以给女儿买些好吃又有营养的水果。您知道孕妇早期需要多补充什么营养吗？”

那人有些疑惑地说：“听说孕妇需要补叶酸和维生素，但是我不知道具体买些什么。”

听了这话，摊主说：“孕妇确实要全面补充维生素，这不仅对孕妇的身体有好处，还有利于胎儿的发育。您看，这猕猴桃挺有营养的，富含维生素，也不算太甜。还有草莓，含有丰富的维生素 B1、B2、C，以及钙、磷、铁、钾、锌等，酸甜可口。”

那人一听，爽快地说：“那真是太好了！我就称一些比较酸的梨子、猕猴桃和草莓，给我女儿尝尝。要是她喜欢吃，我明天还来你这买。”

就这样，这位摊主顺利卖出了水果，还获得一个忠实客户。其实，故事中这个人的需求是为女儿买些可口、营养高的水果。这位摊主懂得了解其需求，抓住并利用这一需求来推销，步步试探、循循善诱，最终实现了目标。

很多时候，一件东西好不好，其实没有绝对的评判标准，因为每个人的需求都是不同的，即使是同一个人，在不同的境况下，也会产生不同的需求。因此，世界上没有哪一种“套路”可以万试万灵，只有学会灵活应变，针对不同的情况抛出不同的“饵”，才能钓到我们真正想要的“鱼”。

不过，需要注意的是，人有直接需求、间接需求，也有潜在需求、实际需求。很多时候，如果只针对直接需求抛出“诱饵”，或许有效果，但效果可能不太明显。我们只有挖掘他人内心真正的需求，并满足其需求，才能用小小的“诱饵”获得大大的收获。

巧妙变通，构建弱者的“统一战线”

面对困境，有人选择逃避，有人选择硬碰硬，但真正的高手会选择巧妙变通。这种变通不是简单的妥协或退缩，而是根据现实情况，在冷静分析的基础上，运用智慧和谋略，灵活调整策略，找到突破困境的最佳路径。

公元前 205 年，楚汉彭城之战，项羽大破汉军，就连汉王刘邦的父母、妻子都落到了项羽手中。此时的刘邦几乎已经走到末路，他边战边退，来到下邑这个地方。

怎么办？似乎无论是战是降，结局都是失败。但刘邦并不甘心，他思前想后，做出了第三个选择——多找几个盟友，和自己一起抗衡实力强大的项羽。

刘邦问谋士张良："我想把函谷关以东的土地都拿出来，分封给天下的豪杰，请问谁有这个能力和实力，与我一起对抗项羽？"他的意思很明确，要"捆绑"几个有实力的盟友。

张良早就考虑过这个问题了。他回答说："九江王英布可以考虑，他能征善战，打仗很厉害。最巧的是，他与项羽有过节，与他结盟必然顺利。另外，盘踞在梁地的彭越和齐地的田荣，都是当世豪杰。他们共同推翻了暴秦的统治，项羽却因个人私情不分封给他们土地。还有汉王您的将领当中，韩信智略超群，能力最强，有他为您效命，必定能打败项羽。"

刘邦听了张良的分析，觉得很有道理，便按照其计策，展开了行动。因为有着共同的敌人，结盟计划很顺利，并且成功牵制住项羽的主力部队，为刘邦赢得了喘息的机会。

在盟军的帮助下，刘邦先是收拾残兵入关中，水淹废丘，诛杀章邯，彻底稳定了关中的大本营。接着，又重新集结关中弟子东出函谷关，与项羽展开争夺战。

刘邦率军为主力，在荥阳、虎牢关一带阻击楚军主力。英布和其他将领从侧面攻击楚军侧翼，收拢南阳、淮阳一带，对正面战场起着配合作用。彭越率军打游击，在楚军后方反复袭扰其粮道。田荣弟弟田横率领一支军队，在齐地反叛，让项羽不得不率军征讨。

汉军大将韩信则率领几万汉军，深入楚军敌后战场，自西向东歼灭了魏国、赵国、代国、燕国和齐国，吞并整个北方，为刘邦积攒了强大的力量。等到韩信灭掉齐国后，刘邦军事联盟所控制的土地、人口、资源已经十倍于项羽。就这样，刘邦以弱胜强，实现逆袭，取得了最终的胜利。

人生从来不是一道单选题，很多时候，我们以为的“二选一”，实际上只是因为思维被禁锢了。就像刘邦面对比自己强大的项羽时，乍一看摆在他面前的似乎只有两个选择，或是豁出性命、以卵击石地死战，或是委曲求全、保全性命地投降。

但实际上，只要跳出思维的局限就会发现，在这场战争中，并不是只有刘邦和项羽这两方势力，弱小不要紧，若是能联合更多的“弱小”，把分散的力量集中起来，便能战胜强大的对手。

刘邦的胜利不是偶然，而是一种思维巧妙变通后的必然。无论面对怎样的困境，刘邦都能跳出传统思想的禁锢，别出心裁地找到解决问题的方法。正是因为拥有这样的特质，他才能够在困境中一次次实现逆袭，最终获得成功。

迂回但有用的“顺毛策略”

抚摸一只猫咪时，顺着毛发的方向会让人感觉顺滑，猫咪也会被抚摸得非常舒服；但若是逆着毛发的方向，则会引起猫咪的抵触和不适，甚至可能收获一顿愤怒的“猫猫拳”。

解决问题也是如此。很多时候，迂回的“顺毛策略”往往比直接的正面抗衡更有效。毕竟人都是以自我为中心的，更愿意相信自己，喜欢按照自己的意向、想法及需要去做选择。

罗斯福担任纽约州州长的时候，完成了一件不同寻常的事情。他采用巧妙的策略，强有力地推行了一些官员不喜欢的改革方案。

每当有重要职位空缺的时候，他就请这些官员为自己推荐合适的人员。为了个人私利，这些人通常会推荐一个无能、需要“照顾”的人选。罗斯福会告诉他们，委任这样的人不是上策，因为公众绝不会答应。

然后，这些人会寻找新的人选。他们推荐的人虽然没犯过大错，但也没什么能力，始终碌碌无为。罗斯福依旧会告诉他们，这个人也不能让公众满意，因为他一直都没有可称赞的业绩。他还会客气地请求，让他们想想是否还能找到更合适的人选。

第三次，这些人又推荐了新人，但是罗斯福仍觉得他不理想，请求再寻找合适的人选。终于，这些人找到了合适的人选，而这个人就是罗斯福心中认为合适的，也是当初他想要提拔的人。

罗斯福非常高兴，委任这个人担任重要的职位。他还真诚地感谢这些人的协助，并告诉他们，这是他们选择的人，他之所以委任他，是为了满足他们的意愿，让他们高兴。作为交换，他们也应该支持他的法案，让他满意和高兴。

果然，这些官员痛快地答应了，支持了罗斯福的各项法案。

罗斯福的这个策略用得非常巧妙，可以说是一举两得——既让自己心仪的人选填补了空缺，又让自己的各项法案顺利通过。他之所以能成功，就是因为没有用简单粗暴的手段去说服，而是采取请教、寻求帮助的方式，一步步引导和推动，让这些人按照自己的想法做事，并让他们相信，主意完全是他们自己拿的。既然是自己的决定，他们当然坚信是正确的了。

无独有偶，还有一个类似的故事：

一家设计公司的设计师想把自己的设计图样推销给某个公司的老板，不过他努力了很多次都失败了。思考之后，设计师想出一个办法：拿出几张还未完成的图样，请求他帮忙指点如何修改才能符合他的要求。

这个老板答应了，并且提出了修改意见。设计师回去后，按照这个老板的意见修改，然后再来推销。果然，这个老板痛快地买下那几张图样，因为他认为那些图样都是自己设计的，自己的想法是最好的，怎么能不满意呢？

不论我们多能言善辩，都不要企图强行说服他人；不管我们的决定多正确，都不要直接让他人按照我们的决定去做事……因为每个人都有这样的思维：我的想法是正确的；我宁愿遵循自己的意念做事，也绝不按照他人的想法做事；没有人可以改变我。

“顺毛策略”的高明之处就在于，它避免了直接的冲突和对抗，而是通过潜移默化的方式，逐步改变对方的态度和看法，在“顺应”对方想法的同时，引导对方达成我们预期的目标。

掌控人心，不战而屈人之兵

第九章 入神

神游局内
妙而不可知
故曰入神

对手的弱点，正是最好的突破点

有人能跟我们在同一领域、同一层级进行竞争，那就说明双方的综合实力是相近的。但是，相近不意味着相同。每个人都有自己的特点，有自己的长处和短处。想要击败对手，就必须从对手的弱点下手。只要这个弱点还没有被补强，我们就可以利用，获得一次又一次的胜利。

历史上有个叫郭开的人，是个贪得无厌的奸臣。他被人戏称“战国第一战神”，因为他以一己之力，“废”了赵国两大名将——廉颇、李牧。这是秦国名将白起、王翦等人想都不敢想的“丰功伟绩”。唯一“美中不足”的是，郭开作为赵国人，废掉的都是自己国家的将领，他的行为最终导致赵国灭亡，他也因此不得善终。

郭开是赵国重臣，他非常贪财，并利用职权四处敛财。他的种种行为，引起了赵国名将廉颇的不满。廉颇经常斥责郭开，郭开怀恨在心，便在赵王面前说廉颇的坏话。当时的赵悼襄王是个昏君，听信了郭开的谗言，剥夺了廉颇的军权。

不久，秦国攻打赵国，赵军节节败退。赵悼襄王想要重新起用廉颇，便派使者查看廉颇的情况。郭开生怕廉颇重新掌握大权，断了自己的财路，便贿赂使者，让他说廉颇的坏话。使者被收买，对赵王说：“廉颇已经老糊涂了，无法带兵。”于是，赵国彻底失去一位可以力挽狂澜的将领。

虽然赵国损失了廉颇，却仍然有名将李牧可以对抗秦国。在之后的战争中，李牧镇守边关，抵挡住了秦国的强大攻势。

秦国宰相李斯知道郭开是个贪财的人，便决定利用他的这一“软肋”除掉李牧。李斯派使者暗中找到郭开，送给他大量金银珠宝，让他在赵王面前说李牧的坏话。

李牧是国家的栋梁之材，是赵国抵挡秦国的“盾牌”，也是赵国人安居乐业的“守护神”，这个道理郭开不是不知道。但是面对秦国人送来的金银珠宝，他还是动心了，答应了秦国的条件。

之后，郭开在赵王面前说：“李牧拥兵自重，有造反的心思。”

赵王再次听信谗言，杀了李牧。李牧作为战国四大名将之一，征战沙场几十年，没有死在敌人手上，却死在了贪得无厌的郭开与赵王手中，可悲可叹。

李牧死后，赵国失去了抵挡秦国的能力，很快被灭国。郭开作为叛徒，也没有落得好下场。据说，他后来被秦国军队用极其残忍的方式处决了。

郭开的弱点就是贪财。他为了维护自己的利益，向赵王进谗言，除掉大将廉颇的时候，所有高段位的智者都发现了他的这一弱点。如果郭开只是个平民百姓，这个弱点在国与国之间并不会有太大的影响力。但郭开偏偏身居高位，那他的弱点就变成赵国的弱点了。

李斯就是一个发现了郭开弱点的人，他利用这一点，除掉了秦国消灭赵国的唯一阻碍——李牧。

竞争并非没有窍门，它不是一味地比拼实力、互相进攻。如果能抓住对方的弱点，找到薄弱处进行攻击，往往能利用最少的资源给对方致命一击。

抓住欲求，便可掌控人心

“海纳百川，有容乃大；壁立千仞，无欲则刚。”不少人将这句话当成座右铭，用来启迪自己要有宽广的心胸和良好的品格。其中的“无欲则刚”，说尽了人心被掌控的原因。

你喜欢某件东西，想要将其收入囊中，这就产生了欲望。这件东西的所有者不可能将其白白给你，当他得知你想要的时候，必然会让你提供帮助、提供资源，用来交换这件东西。这个时候，你就被他掌控了。想清楚这个简单的道理，你就能在知晓他人欲求的时候，分析出他接下来的举动。

东汉末年，曹操将汉献帝接回许都后，自封大将军，掌控了整个朝堂。在濮阳败给曹操的吕布则一路逃亡，流落到徐州，被刘备收留，驻军在小沛。

当时，淮南袁术拥兵自重，称霸一方；吕布、刘备二人联手，也是不容小觑，着实对曹操构成巨大威胁，让他头疼不已。

面对这样的困境，曹操手下的谋士荀彧经过一番思索，为他献上了“驱虎吞狼”的计策。

首先，荀彧让曹操给袁术写一封信，告诉袁术，刘备即将带兵攻打他，抢他的地盘。看到这封信之后，袁术必定会非常生气，即使没有立即相信，也一定会做好防备。

然后，荀彧又让曹操借天子之诏，为刘备正名，承认他的合法性，并下令让他以汉臣的身份讨伐袁术。刘备这人，一心向汉，自然不会拒绝天子的命令，肯定会率军攻打袁术。这样一来，二人必定会结下仇怨。

吕布逃离长安之后，先后投奔过袁术、袁绍、张扬、张邈，最后都因为个人利益而选择离开。由此可见，他这人反复无常、自私自利，没有仁义道德之心。这样一个人，又怎么会忠诚于刘备呢？

荀彧正是看透这一点，精准抓住吕布人性中的弱点，才笃定地认为，只要挑起刘备与袁术之间的争端，吕布必然会趁此机会生出异心，背刺刘备。

事情也确实如荀彧所料。当刘备服从命令，率领人马讨伐袁术，与之在盱眙对峙时，吕布在袁术的重金利诱下，趁着徐州兵力空虚，迅速反水，占领徐州，给予刘备致命一击。之后，由于袁术并未兑现给吕布的粮草和黄金，二人也产生了龃龉。

就这样，荀彧仅凭借一封密信和一道伪诏，就成功离间了刘备和吕布，让他们反目成仇，并将原本置身事外的袁术也拉入局中，挑起三人之间的矛盾，为曹操势力的扩张营造了一个良好的局面。

不管是古代运筹帷幄的军师，还是现代与竞争对手博弈取胜的成功者，他们似乎都能看透人心。没有人会读心术，他们也并非靠着安插间谍提前获知信息，完全是因为他们足够了解对手，能根据对手的欲求猜到他们的想法与举动。

要想在竞争中了解对方的想法，进而推测出对方的举动，不妨从欲求这一点着手，往往能事半功倍，甚至直达关键点。

Ⅱ 化敌为友，就是寻找共同利益点

敌人为什么是敌人？根本原因是双方的竞争关系。或是因为资源，或是因为地位，或是因为名声、荣誉。总而言之，就是双方的利益不一致，一方得到了利益，另一方就要失去利益，因此对抗在所难免，双方的关系也就成了敌对关系。

然而，没有永远的敌人，只有永远的利益。当双方拥有共同利益点时，就不存在一方得到另一方就要失去的零和博弈了。双方朝着同一个方向努力，成功就是双赢，失败就是双输。这个时候，敌对关系就变成了帮扶关系。

战国时期的赵国，朝堂上有两位赫赫有名的人物：文臣蔺相如和武将廉颇。蔺相如原本只是赵国宦官缪贤的门客，但因才智过人，被赵王看中并委以重任。

蔺相如曾作为使者出使秦国，与秦王商议用和氏璧交换城池。在谈判中，他不仅看穿了秦国君臣的意图，用大无畏的勇气与秦国君臣周旋，又运用智慧成功地将和氏璧带回赵国，留下了“完璧归赵”的佳话。

因为蔺相如出使秦国的出色表现，赵王封他为上卿，他在朝堂和民间都享有极高的地位。

蔺相如的崛起让廉颇很不服气。他南征北战，为赵国立下赫赫战功，而蔺相如只是动动嘴皮子就得到了如此高的地位，甚至还爬到他的头上。于是，他放出话来，表示要当面羞辱蔺相如。

消息传到蔺相如的耳中，他并未因此动怒；相反，他选择回避和退让，尽量不与廉颇发生冲突。他的门客对此很是不解，认为蔺相如过于软弱。然而，蔺相如却解释说：“秦国之所以不敢轻易侵犯赵国，就是因为有我和廉将军。我们两人对赵国来说都是不可或缺的。我退让并不是因为我怕他，而是为了赵国的安定和大局着想。”

这番话传到廉颇的耳中，他才明白，蔺相如处处忍让不是因为害怕他，而是在为赵国着想。自己身经百战是为了什么？不也是为了赵国？如今，因为地位的问题，自己居然将国家安危抛在脑后，只想着要羞辱蔺相如，自己的觉悟真的比蔺相如差远了。

羞愧难当的廉颇为了表达歉意，脱下战袍，背上荆条，来到蔺相如的府邸。他跪在蔺相如面前，诚恳地道歉并请求原谅。蔺相如见状，急忙扶起廉颇，表示自己已经原谅了他，并希望两人能够携手为赵国效力。

蔺相如之所以能与廉颇化敌为友，就是因为双方存在共同的利益。一个是赵国的相，另一个是赵国的将。赵国的利益就是两人的利益，双方的对抗本质上是一种无意义的内耗，只能让国家的利益蒙受损失。廉颇想通这一点的时候，自然会认同蔺相如的想法，以负荆请罪的方式向蔺相如道歉。

我们想要减少敌人的数量，最重要的就是找到与对方共同的利益点，把对抗变成内耗。当对方发现你的失败也会让自己蒙受损失，你的成功也会让他获得利益的时候，他自然会改变站位，与你成为肩并肩的战友。

欲擒故纵，吊吊他的胃口

如果让你向朋友推荐某个事物，你会怎么做？是一有机会就向他介绍这个事物有多好，还是亲自为他提供便利条件让他尝试呢？其实，经常向他人推荐事物的朋友都知道，这些办法的效果都不好。你越是介绍得多，对方的兴趣就越小；你越是积极，对方就越是浅尝辄止。

要想向他人推荐某个事物，最好的办法就是引起他的好奇心。好奇心能促使人去了解现象背后的本质，如果这个事物真的足够好，了解得越多，就会陷得越深，喜欢上它只是时间问题。

商朝末年，纣王沉湎酒色，残忍好杀，穷兵黩武，大兴土木。百姓生活困苦，诸侯也因为纣王的残暴统治苦不堪言。西伯侯姬昌勤于政事，推行教化，还十分尊敬老人，深得人心。姬昌想要推翻纣王，但苦于缺少贤才辅佐。一次外出打猎的时候，他在渭水边遇到了一个钓鱼的老翁。

老翁钓鱼的方式十分奇特，不仅不放鱼饵，甚至连鱼钩都是直的。姬昌十分好奇，便主动上前与老翁攀谈起来。这位老翁是谁呢？他是一位隐士，名叫姜尚。

姜尚本是舜、禹时期官员的后代，但等他出生时，家道已经败落，因此只能务农为生。即便如此，他仍胸怀大志，在务农闲暇时苦读不辍，期望有一天能一展才华。没想到，一直到70岁，他仍大志未酬。

想要有一展抱负的机会，就必须获得大人物的赏识。那么，如何才能吸引大人物的注意呢？姜尚就开始在渭水边用直钩钓鱼。他的邻居——年轻的樵夫武吉嘲笑他说："你这样用直钩，什么时候才能钓上鱼来？不如我来教教你怎么钓鱼吧……"

姜尚不为所动，说："宁在直中取，不可曲中求，钓的不是鱼，而是王与侯。"武吉也不与他争论，嘲笑几句就走了。果然，不久姬昌游猎，被姜尚所吸引。与他交谈后，发现他正是自己苦苦寻求的贤才，于是就请求姜尚出山辅佐自己，拜姜尚为老师。

太史公司马迁在《齐太公世家》中讲述过两种姜尚与姬昌相遇

的经历，渭水钓鱼就是其中一种。在更早的《楚辞·离骚》中，又有不同的说法。

相传，姜尚精通文韬武略，但不得明主赏识，年近七旬仍在市场上以卖肉为生。通过不断观察，他发觉姬昌有明主之相，就生出想要辅佐姬昌的想法。但对方是一方诸侯，自己只是屠户，要如何推销自己呢？他思前想后，决定利用自己手里的刀。

一日，姬昌巡查集市的时候，突然听到一阵敲击刀子的声音。这声音符合音律，很是动听。姬昌是精通、喜爱音律的人，如今在嘈杂的集市上居然听到了动听的音律，他怎能不好奇？于是，姬昌找到了姜尚。通过一番攀谈，姬昌非常赏识姜尚，便让他当了官。

不管是哪个故事，姜尚将自己推销给姬昌的方式都是引发对方的好奇心，让对方主动找到自己，了解自己。从下向上自荐的难度，要远远高于从上向下了解的难度。因此，姜尚的做法高明而有效。

不管是自荐还是推荐，当对方表现出不感兴趣的时候，你就要适当展露一些不凡之处，让对方看得见，却又看不清。等对方主动放下身段去了解的时候，你就已经成功了一半。

以人性铸造困境囚笼

世界上最复杂、多变、难以琢磨的东西就是人性。很多时候，人性的变化都源于利益的变化，这也是人与人之间难以建立信任的原因。

这个世界上不是所有东西都能用一纸契约保障，有些东西也不值得用一纸契约保障。利用人性，则能让其朝着对我们有利的方向发展、变化。

《三国演义》中，曹操在统一北方的过程中，遇到许多棘手的敌人。让他最狼狈的，要数西凉的马超。当时曹操率领一支大军征讨西凉，却被马超的大军击败。乱军中，曹操险些被马超活捉。为了逃生，曹操只好把自己标志性的红袍子扔掉、大胡子割掉，这才“苟且偷生”。

马超之所以能够战胜曹操，除了具有强大的实力之外，还有一个重要的原因——马超有韩遂作为盟友。韩遂是当时的一个大军阀，和马超父亲的关系很好，因此在马超与曹操作战时，韩遂站到了马超一方。

面对马超和韩遂组成的联军，曹操陷入困境。他甚至绝望地对部下说：“马儿不死，吾无葬地矣！”在战局陷入僵持的时候，曹操突然想到一条计策。

这天，曹操带领大军来到马超和韩遂军前。他并不是来打仗的，而是要和韩遂“叙旧”。韩遂和曹操也算老相识，欣然接受了曹操的邀请，在两军阵前攀谈起来。当时，曹操故意没有穿铠甲，表现出一副很随意的样子，还专门和韩遂聊一些有趣的陈年旧事，两人看起来很开心。

这件事情被马超知道了。马超开始怀疑韩遂是否要倒向曹操一边。

没过几天，曹操又给韩遂写了一封信。信中有许多模棱两可的言辞，还有许多涂改的地方——这是曹操故意为之。

马超得知曹操给韩遂写信，更加怀疑韩遂和曹操二人在密谋，于是他跑到韩遂那儿，提出要看看曹操的那封信。韩遂为了自证清白，将信给了马超。马超一看，信上有许多关键的地方被涂改了，他怀疑是韩遂怕自己看到信中的真实内容，因而涂改信件。马超对韩遂的怀疑又加深了一层。

就这样，韩遂知道马超怀疑自己，害怕马超对自己动手，决定先下手为强。马超早就盯着韩遂的一举一动，自然对他的目的了如指掌。双方在一场宴会上发生冲突，最终分道扬镳。失去强力盟友的马超独木难支，成为曹操的手下败将。

人性中根本的东西，就是保证自己的利益不受损害。这就是俗语中常说的：“害人之心不可有，防人之心不可无。”想要保证自己的利益，就要注意对方是否有伤害自己利益的举动。互相防备，互相不信任，那就很难结成同盟。

反之，当对手联合起来，变得更强大的时候，我们不妨利用一些拉拢、分化、离间的办法，将他们分开，再寻找各个击破的机会。人性是复杂的，只要去找，总能找到破坏他们之间信任关系的方法。

‖ “饼”画得好，空手也能套“白狼”

在商业世界与人际交往中，我们经常能听到“画饼”这个词。它原本是指做出一种承诺或展示一种愿景，以吸引他人合作或投资。当“饼”画得足够诱人时，即便手头资源有限，甚至“空手”，也有可能吸引到强大的合作伙伴。

明朝的开国皇帝朱元璋死后，把皇位传给了孙子朱允炆。

假如朱元璋把皇位传给朱允炆的父亲朱标，那么朱元璋的其他儿子无话可说，毕竟朱标是他们的大哥，德才兼备，是公认的最佳继承人。但是朱标死得早，朱元璋的其他儿子心里就开始盘算——大哥在的时候，我们没资格当皇帝，现在大哥死了，总该轮到我们了吧！

但所有皇子都没想到，朱元璋把皇位传给了孙子。朱元璋的这一举动，引起皇子们的不满，但是他们一时间也无可奈何。

朱允炆继承皇位之后，知道他的叔叔对自己不满意，他们也想当皇帝。为了解除这一祸患，朱允炆决定削藩——夺取手握重兵的叔叔手中的权力。于是，朱允炆的四叔朱棣决定造反。

朱棣的军队兵强马壮，从北京发兵，一路向明朝初年的都城南京进发。朱允炆大惊失色，连忙派兵阻挡，结果第一波士兵被朱棣打败。朱棣高歌猛进，却遭遇名将盛庸的阻挡。

朱棣与盛庸打得难解难分，但由于朱棣兵少，随时可能被对方击溃，形势非常危急。这时，朱棣的二儿子朱高煦带着援军及时赶到。

此时，战争的结果取决于朱高煦的表现。为了勉励朱高煦，朱棣对他说了一句话：“世子多病，汝当勉励之。”言下之意是，朱高煦的大哥朱高炽——目前朱棣的合法继承人身体不好，随时可能死掉，朱高炽一死，朱高煦就可以成为继承人。所以，朱高煦不是在为父亲、哥哥打江山，而是在给自己打江山！

朱高煦在朱棣的鼓励下奋勇作战，一举击溃盛庸。最终，朱棣成功夺取了侄子的江山，成为明朝的第三个皇帝。

至于朱棣当年给朱高煦画的“饼”，最终也没有兑现，因为朱棣只是说朱高炽身体不好，朱高煦可能有机会当皇帝，但朱高炽还是活到了朱棣死的那一天。朱棣死后，皇位传给了朱高炽。

朱高煦虽然气愤，但是也无可奈何，因为当年朱棣并没有明确说要把皇位传给他，所以他也没有正当的理由去争夺皇位，只好在朱高炽面前俯首称臣。

“画饼”并非简单欺骗或夸大其词，而是一种策略性的沟通与协商技巧。它要求“画饼者”不仅有远见卓识，能够预见到未来的可能性，还要有足够的说服力，使听者信服并愿意投入资源共同实现这一愿景。

朱棣无疑是一个“画饼”高手。他在给朱高煦“画饼”时，确实是基于现实情况来说的，但仔细思量，他实则并未做出任何切实的承诺。于是，这张看起来挺真、闻起来挺香，可就是吃不到嘴里的“饼”，既成功地刺激了朱高煦的主观能动性，又并未造成任何实质性的损失，可谓一举两得。